아이디어
팩토리

위대한 아이디어 제국
벨연구소의 모든 이야기

아이디어 팩토리

원작 존 거트너 | 감수 김국현

IDEA
FACTORY

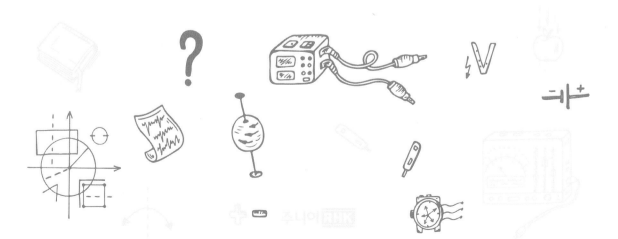

주니어RHK

차례

트랜지스터, 집적회로에서 레이저, 광통신, 무선통신은 물론 정보이론까지, 정보통신을 구성하는 거의 모든 것이 만들어졌다고 해도 틀린 말이 아닌 벨연구소. 2018년 노벨물리학상을 포함, 노벨상만도 무려 아홉 번이나 배출한 명문 연구소를 만화를 통해 방문해보는 것은 흥미로운 일입니다.

게다가 이번 여행은 여러 교훈은 물론 생각할 거리까지 안겨줍니다. 우선 미국을 초강국으로 만든 기초연구의 기적은 어떻게 가능했는지, 그리고 어떻게 그런 천재 집단이 그렇게도 급속한 쇠락의 길을 걷게 되었는지 생각해볼 기회를 줍니다.

많은 이들이 몰락의 계기로 AT&T의 분할을 꼽습니다. 미국 사법성의 반독점 소송 결과로 해체되는 과정에서 벨연구소도 허약해졌다는 것이지요. 하지만 이는 표면적인 이유인지도 모릅니다. 그보다는 훌륭한 기초기술 연구를 했으면서도 이들을 응용해서 시장에서 꽃피우는 일에는 꽤나 서툴렀기 때문이 아닌가 싶습니다. 예컨대, 장거리통신회사였으면서도 인터넷이라는 새로운 조류를 만들어내기는커녕 적극 대응하지 않은 것이나, 유닉스(UNIX)라는 운영체제를 사실상 만들었으면서도 오늘날 세상을 석권한 리눅스(Linux) 같은 오픈소스의 흐름을 주도하지는 못했습니다. IT의 노벨상이라는 튜링상을 3회나 수상한 연구소였는데 말입니다.

PC와 웹, 스마트폰의 등장에서 볼 수 있듯이 한때는 독점적 기술도 결국은 민주화됩니다. 하지만 그 씨앗은 정부, 혹은 정부가 용인한 독점 기업이 심었음을 우리는 가끔 잊곤 합니다. 풍성해진 열매 덕에 처음 심은 씨앗은 필요 없어져가니 참 얄궂은 역사입니다.

　어찌 보면 그런 시대가 있었던 것이 인류에게는 행운이었을 수도 있을 것입니다. 국익에 직결되는 국책을 구상하고 국가 백년지대계를 민간과 함께 꿈꾸던 시대. 21세기의 수많은 열매가 20세기에 심어둔 씨앗의 덕임을 생각해보면, 과연 우리는 지금 어떤 씨앗을 심고 있는지 궁금해지기도 합니다. 연구되어야 할 모든 것이 이미 20세기에 다 연구되었기 때문인지, 아니면 벨연구소처럼 장기적 시각을 갖고 미래를 선도하던 이들이 사라졌기 때문인지 잘 모르겠습니다.

　21세기에는 우주를 여행할 줄 알았는데, 소셜미디어로 남의 일상이나 헤매고 있는 현실 속에서, 치열하게 미래를 구상했던 20세기의 젊은 연구자들은 이 만화를 통해 많은 생각 거리를 품을 것입니다.

IT 칼럼니스트

김국현

우리가 '현재(present)'라고
부르는 '미래(future)'를 만든 곳

벨연구소(Bell Labs)는 알렉산더 그레이엄 벨(Alexander Graham Bell)이 만든 통신회사 AT&T에서 통신과 관련한 연구를 목적으로 1925년에 설립한 연구소입니다.

벨연구소 전경.

21세기를 살아가는 우리는 100여 년 전에 만들어진 벨연구소에 대해 잘 모르지만, 벨연구소는 오늘날 우리가 '현재(present)'라고 부르는 '미래(future)'를 만든 곳입니다.

하루를 돌아보면 벨연구소가 우리에게 얼마나 많은 영향을 끼쳤는지 금방 알 수 있습니다. 컴퓨터로 숙제나 게임을 하고, 인터넷으로 메일을 보내고, 저녁에 TV 앞에 둘러앉아 실시간으로 지구 반대편에서 중계되는 스포츠 경기를 보고, 잠자리에 들기 전에 휴대전화로 친구들과 연락을 주고받을 수 있는 것은 모두 벨연구소 덕분이라 할 수 있습니다. 벨연구소가 없었다면 우리가 현재 애용하는 컴퓨터와 인터넷은 물론이고 휴대전화와 위성통신 역시 존재하지 못했거나 그 등장 시기가 한참 늦어졌을 것입니다.

4차 산업시대의 기초를 놓은 벨연구소

세계 최고의 컴퓨터 소프트웨어 회사인 '마이크로소프트'를 세우고 컴퓨터 운영체제인 '윈도(Windows)'를 만든 빌 게이츠(Bill Gates)는 다음과 같은 말을 했습니다.

"내가 시간 여행을 한다면
1947년 12월의 벨연구소를
가장 먼저 들를 것입니다."

인류 최초로 위성통신을 통해 TV 생중계 방송 시대를 연 인공위성 텔스타.

　어째서 빌 게이츠는 수많은 시간과 장소 중에서 100여 년 전에 설립되어 지금은 사람들의 기억에서조차 잊힌 벨연구소를 방문하고 싶다고 했을까요? 혹시 벨연구소에 우리가 모르는 어떤 비밀이 숨어 있는 것은 아닐까요?

　빌 게이츠가 선택한 시간, 즉 1947년 12월은 벨연구소에서 트랜지스터 개발에 박차를 가하던 때였습니다. 당시 벨연구소에서는 당대 최고의 물리학자였던 윌리엄 쇼클리(William B. Shockley)가 동료 과학자 존 바딘(John Bardeen), 월터 브래튼(Walter Brattain)과 함께 트랜지스터를 개발하고 있었는데, 이들은 12월 23일 AT&T 경영진 앞에서 트랜지스터 시연에 성공했습니다.

　이날, 1947년 12월 23일을 기점으로 전기 소모와 잔고장이 많았던 진공관 시대가 막을 내렸습니다. 대신에 크기가 작고 전기 효율이 뛰어나며 처리 속도가 빨라 다양한 전자제품에서 사용할 수 있는 트랜지스터 시대가 열렸습니다.

트랜지스터 개발의 성공은 집적회로 개발로 이어져 실리콘밸리와 같은 벤처기술 단지를 등장시켰고 '마이크로소프트'나 '애플', '구글' 같은 거대 IT기업이 주도하는, 인터넷을 중심으로 하는 4차 산업시대를 열었습니다.

이동통신에 필요한 대부분의 기술을 개발한 벨연구소

벨연구소가 가장 크게 영향을 끼친 분야는 정보통신 기술 분야입니다. 오늘날 우리가 사용하는 위성통신, 광케이블을 이용한 인터넷통신, 이동통신(휴대전화)에 필요한 기본적인 기술과 작동 원리는 거의 대부분 벨연구소에서 나왔다고 해도 틀린 말이 아닙니다.

벨연구소는 가장 먼저 미국 대륙을 가로지르는 통신선을 설치했

현대인들은 스마트폰을 통해서 거의 모든 일을 한다.

```
fabio@fabio:~$ sort --help
Usage: sort [OPTION]... [FILE]...
  or:  sort [OPTION]... --files0-from=F
Write sorted concatenation of all FILE(s) to standard output.

Mandatory arguments to long options are mandatory for short options too.
Ordering options:

 -b, --ignore-leading-blanks  ignore leading blanks
 -d, --dictionary-order       consider only blanks and alphanumeric characters
 -f, --ignore-case            fold lower case to upper case characters
 -g, --general-numeric-sort   compare according to general numerical value
 -i, --ignore-nonprinting     consider only printable characters
 -M, --month-sort             compare (unknown) < 'JAN' < ... < 'DEC'
 -h, --human-numeric-sort     compare human readable numbers (e.g., 2K 1G)
 -n, --numeric-sort           compare according to string numerical value
 -R, --random-sort            sort by random hash of keys
     --random-source=FILE     get random bytes from FILE
 -r, --reverse                reverse the result of comparisons
     --sort=WORD              sort according to WORD:
                                general-numeric -g, human-numeric -h, month -M
```

UNIX 운영체제로 구현된 화면.

고, 모두가 불가능한 일이라고 말했던 대서양 해저케이블 가설에 성공하여 대륙 간 통신을 가능하게 했습니다.

또한 세계 최초로 위성을 이용한 통신 기술에 대한 개념을 정립했습니다. 실제로 나사(NASA)와 함께 통신위성을 쏘아 올려 세계 최초로 실시간 방송을 구현했습니다. 오늘날 우리가 지구 반대쪽에서 열리는 월드컵 축구 경기를 텔레비전을 통해 실시간으로 시청할 수 있는 것도 벨연구소가 있었기에 가능한 일인지도 모릅니다.

벨연구소는 또한 레이저 기술을 발전시켜 꿈의 통신 기술이라고 일컬어지는 광통신 시대를 열었습니다. 광통신은 초고속 인터넷 시대를 열었지요. 여기에 무선이동통신 기술의 근간이 되는 셀룰러 시스템을 만들어 오늘날 우리가 스마트폰으로 자유롭게 이동통신을 하는 바탕을 마련했습니다.

디지털 문명 시대를 연 벨연구소

벨연구소는 컴퓨터와 관련하여 하드웨어뿐만 아니라 소프트웨어 분야에서도 크게 기여했습니다. 컴퓨터 회로는 물론이고 컴퓨터를 움직이게 하는 운영시스템 개발에 선도적인 역할을 했기 때문입니다. 벨연구소에서 만든 유닉스(UNIX)라는 컴퓨터 운영시스템은 컴퓨터 역사상 가장 중요한 운영체제로 지금 우리가 사용하는 휴대전화도 바로 이 운영시스템을 기반으로 만들었습니다.

특히 컴퓨터를 기반으로 하는 디지털 문명의 가장 기본이라 할 수 있는 정보이론도 벨연구소에서 나왔습니다. 당시 벨연구소 소속이던 당대 최고의 천재 수학자 클로드 섀넌(Claude Shannon)이 1948년에 발표한 「통신의 수학적 이론(A Mathematical Theory of Communication)」에 정보이론이 기초를 두고 있기 때문입니다.

클로드 섀넌은 메시지의 정보 함유량과 정보 비율을 측정하는 단위로 비트(2진 숫자)를 사용할 것을 제안했습니다. 섀넌은 컴퓨터 프

전자카메라와 스마트폰 카메라의 기본이 되는 CCD도 벨연구소 작품이다.

만약 벨연구소에서 디지털 화상 기술을 만들지 않았다면 셀카도 못 찍었을 것이다.

로그램 개발에 기본이 되는 알고리즘을 고안했습니다.

또한 디지털 화상 기술(CCD)을 발명하여 오늘날 우리가 즐겨 사용하는 전자 카메라와 디지털 캠코더, 그리고 스마트폰의 사진 및 동영상 촬영이 가능하도록 했습니다.

전파망원경과 MRI를 만든 벨연구소

이외에도 벨연구소는 인류의 과학과 의학 발전에 중요한 역할을 하는 다양한 발명품을 만들었습니다.

실리콘 태양전지를 만들어 인공위성이 반영구적으로 지구 궤도를 돌 수 있도록 했으며, 레이더 기술을 발전시켜 2차 세계대전 때 영국이 독일의 로켓을 막는 데 결정적인 역할을 했습니다.

그리고 장거리 통신 때 나타나는 잡음을 조사하다 우리은하 중심에서 나오는 전파와 관련이 있다는 사실을 알아내 현재의 전파망원경을 만드는 데 큰 도움을 주었으며, 자기공명화상법을 활용하여 뇌 활동과 뇌 질병을 역학적으로 진단하는 MRI 개발의 토대를 제공하여 의학 발전을 앞당겼습니다.

오늘날 우리는 첨단 정보통신이 주는 즐겁고 편리한 생활을 마음껏 누리며 살고 있습니다. 인터넷을 이용해 실시간으로 전 세계 사람들과 사진이나 영상을 주고받을 뿐 아니라 휴대전화로 사진이나 동영상을 찍고, 동시에 음악을 듣거나 영화를 보는 일이 가능합니다.

우리는 이 모든 것들이 어디서부터 누구에 의해 시작되었는지 알지 못합니다. 아니, 대부분은 생각조차 하지 않습니다. 하지만 뿌리를 모르고 꽃만 바라보는 것은 미래의 발전을 위해 결코 도움이 되지 않습니다. 그렇기 때문에 이제 우리는 현재 우리가 사용하는 대부분의 전자제품과 첨단 기술이 어떻게 벨연구소에서 시작되었는지 알아보려 합니다.

100여 년 전에 설립된 벨연구소가 어떻게 해서 한두 개도 아닌 수십 개의 혁신적인 발명품을 만들어 인류의 역사를 바꿀 수 있었는지, 그들의 과거 이야기를 통해 벨연구소가 세상을 변화시킬 수 있었던 힘의 근원이 무엇인지 찾아내고자 합니다.

자, 그럼 다 같이 벨연구소의 과거 이야기 속으로 출발!

벨연구소를 소개합니다

1. 벨연구소의 역사와 정신

알렉산더 그레이엄 벨의 이름에서 따온 벨연구소 설립 초기의 목적은 전화기와 전화통신에 필요한 연구였습니다.

전화기가 발명된 지 얼마 되지 않은 때라 당시의 장거리 전화는 기술적으로 문제가 많았습니다. 이 때문에 벨연구소에서 근무하던 과학자들은 전화기에 전화벨을 울리게 하는 것부터 전화를 끊는 단추, 발신음과 '통화 중' 신호, 눈과 비로부터 전화 케이블을 보호할 피복까지 거의 모든 것을 만들어내느라 골머리를 앓았습니다. 심지어 어떤 연구원은 전봇대에 어떤 나무를 사용하면 가장 좋을지, 혹은 흰개미로부터 전

1925년 벨연구소 설립 당시의 건물.

1942년 벨연구소, 일명 머레이 힐 연구소.

붓대를 보호하려면 어떻게 해야 하는지 등을 연구하기도 했습니다.

벨연구소가 처음 문을 열었을 무렵의 예산은 1,200만 달러(현재 가치로 약 1억 6,400만 달러)였습니다. 뉴욕 맨해튼 웨스트가 연구실에서 2,000명의 기술 관련 전문가가 제품을 개발하고, 300명의 기초·응용 연구자가 관련 연구를 했습니다.

이후 모기업인 AT&T가 지속적으로 투자하면서 벨연구소는 급속하게 성장하여 뉴욕 맨해튼 웨스트가의 연구실이 비좁을 정도였습니다. 게다가 통신 기술이 발전하면서 전화기를 개선하기 위해 물리학, 유기화학, 금속공학. 자기학, 방사능학, 전자공학, 음향학, 음성학, 광학, 수학, 기계학, 생리학, 심리학, 기상학 등 각 분야의 전문가들이 필요했습니다. 이에 따라 AT&T는 큰돈을 들여 1942년 벨연구소를 확장 이전했습니다.

뉴욕에서 서쪽으로 40km쯤 떨어진 뉴저지의 91만㎡(약 27만

클린턴 데이비슨
노벨물리학상 1937

월터 브래튼
노벨물리학상 1956

필립 앤더슨
노벨물리학상 1977

아노 펜지어스
노벨물리학상 1978

로버트 윌슨
노벨물리학상 1978

조지 스미스
노벨물리학상 2009

윌러드 보일
노벨물리학상 2009

벨연구소 출신의 노벨상 수상자들.

5000평) 부지 위에 세워진 '머레이힐 연구소'는 널찍한 잔디밭에서 사슴들이 한가로이 풀을 뜯는 아름다운 광경이 연출되는 멋진 연구소였습니다.

벨연구소는 연구소 발전을 위해 당시 명문 대학 연구소에서 일하는 연구원 월급의 두 배가 넘는 급여를 지급했고, 복지와 연구 환경도 최고 수준을 보장했습니다. 덕분에 벨연구소는 당시 미국의 과학자와 공학자들 사이에서 선망의 대상이 되었습니다. 미국 최고의 대학인 시카고 대학, 캘리포니아 공과대학, MIT 출신의 인재들이 벨연구소로 모여들었습니다. 그 결과 연구소의 명성이 최고에 이르렀던 1960년대 후반에는 직원 수가 약 15,000명이었고 박사 학위 소지자가 1,200명에 이르는 대규모 연구단지가 되었습니다. 그곳에서 3만 3,000개가 넘는 특허가 쏟아져 나왔고 여러 과학자가 노벨상을 받았습니다.

　모기업 AT&T의 안정적인 재정 지원과 뛰어난 인재들의 노력을 바탕으로 끊임없는 기술 개발에 성공한 벨연구소는 세계 최고의 산업 연구소가 되었습니다. 덕분에 AT&T는 세계 최대의 통신회사로 우뚝 섰습니다. 벨연구소에서 나온 새로운 전자 기술들은 컴퓨터와 인터넷, 그리고 이동통신을 기반으로 언제 어디서든 정보를 교환할 수 있는 첨단 통신 시대를 열었습니다.

　벨연구소를 세계 최고의 연구소로 발전시킨 원동력은 거대한 연구 시설과 재정적인 뒷받침에만 있지 않았습니다. 오히려 그것들은 벨연구소에서 열성적으로 일하는 다양한 인재들을 위해 존재하는 부수적인 것들이었습니다. 벨연구소의 진정한 가치는 눈에 보이지 않는 것이었는데 그것은 바로 시대를 앞서는 위대한 실험 정신이었습니다.

　초대 벨연구소 소장을 맡았던 프랭크 볼드윈 주잇(Frank Baldwin

컴퓨터와 인터넷, 그리고 이동통신(왼쪽).
MRI(Magnetic Resonance Imaging, 자기공명영상법)(오른쪽).

애플파크(Apple Park)는 미국 애플사의 새로운 사옥으로, 실리콘밸리 지역인 캘리포니아주 쿠퍼티노에 있으며 UFO 모양을 연상시킨다.

Jewett)부터 벨연구소의 전성기를 이룩한 머빈 켈리(Mervin Kelly)까지 이들은 모두 벨연구소의 발전을 위해서 훌륭한 인재들을 수용하고 그들이 끝없는 실험 정신과 미지의 세계로 나아가고자 하는 도전 정신을 마음껏 펼칠 수 있는 환경을 만들어주어야 한다는 것을 알았습니다. 이러한 생각들이 모여 벨연구소는 그때나 지금이나 그 어떤 곳에서도 찾아볼 수 없는 그들만의 독특한 문화를 만들었습니다.

대표적인 예로 초창기부터 이어진 '문 열고 연구하기', '특허권 양도', '연구 성과를 노트에 적어 공개하기' 등이 있습니다. 문 열고 연구하기는 벨연구소의 연구원이라면 누구든, 다른 사람의 연구 과정에 참여해 아이디어를 공유할 수 있도록 하기 위해서 만든 규칙이었습니다. 또한 특허권 양도는 신입사원이 미래에 자신이 발명할 것에 대한 특허를 연구소에 양도한다는 약속으로, 특허가 인류 공동의 이익을 위한다면 언제든지 포기할 수 있음을 의미했습니다. 그리고 연구 성과를 노트에 적어 공개하는 것은 각자의 다양한 아이디어를 모아 공동연구에 촉진제로 활용하기 위한 방안이었습니다.

결국 이 모든 것은 벨연구소의 연구원들이 자신의 연구 영역이나 직책에 구애받지 않고 자유롭게 연구 활동을 할 수 있는 기반을 제공함과 동시에 개인의 역량을 모아 공동의 연구 목적을 달성하는 데 유리하도록 만들기 위한 벨연구소만의 방법이었습니다.

한편 벨연구소는 훌륭한 인재들의 지속적인 성장을 위해 이미 1920년대부터 최신 과학의 내용을 담은 과학저널을 출판했고, 연구원들이 언제든지 원하는 책을 볼 수 있도록 일급 도서관을 내부에 마련했습니다. 이외에도 세미나나 외부 유명 학자의 초청 강연, 외부 세미나 참가 등을 통해 벨연구소의 과학자들이 항상 최신의 학술정보를 습득할 수 있도록 도왔습니다. 여기에 연구원들에게 봉급은 다 주면서 근무시간의 7분의 1을 대학원 공부에 투자할 수 있도록 만들어 교육과 연구를 병행할 수 있는 최상의 연구 분위기를 조성해주었습니다.

벨연구소의 정신을 가장 잘 계승한 곳이 바로 미국의 '실리콘밸리'입니다. 트랜지스터의 발달로 인해 반도체 사업이 융성하자 벨연구소의 윌리엄 쇼클리를 시초로 수많은 과학자들이 새로운 기술 사업에 과감히 뛰어들었고, 이것은 결국 IT 벤처기업의 부흥으로 이어져 지금의 실리콘밸리가 만들어졌습니다. 즉 과거에는 지도상에도 존재하지 않았던 곳이 벨연구소의 영향으로 이제는 세계 제일의 산업단지가 된 것입니다.

이외에도 벨연구소는 미국을 움직이는 싱크탱크 역할을 했습니다. 뛰어난 학자들을 미국 대학에 퍼뜨리는 일을 하기도 했습니다. 윌리엄 쇼클리와 함께 트랜지스터를 개발했던 월터 브래튼과 존 바딘은 물론이고, 정보이론을 창시한 클로드 섀넌, 찰스 타운스(Charles Townes)와 존 로빈슨 피어스(John Robinson Pterce) 등은 모두 후학을 양성하기 위해 기꺼이 벨연구소를 나와 대학에서 학생들을 가르치며 벨연구소가 만든 최첨단 기술과 연구정신을 후학들에게 전했습니다.

벨연구소는 뛰어난 인재들에게 자유로운 연구 환경과 성장을 보장하는 한편, 공동의 목적을 달성하기 위해 모든 구성원이 노력하는 시스템을 만들어 20세기 동안 세계에서 가장 혁신적인 과학 연구 조직이 될 수 있었으며, 이로 인해 당장 눈앞의 이익보다는 먼 미래를 내다본 다양한 실험들을 추진해나가 세상에 없던 것들을 만들어낼 수 있었습니다.

2. 벨연구소를 만든 사람들

벨연구소가 있기까지는 많은 사람의 노력이 필요했습니다. 가장 먼저는 AT&T을 창업한 알렉산더 그레이엄 벨이 있었습니다. 그리고 중요한 순간마다 벨연구소를 이끌었던 소장들이 있었고, 위대한 발명품을 만든 과학자들이 있었습니다.

■ 알렉산더 그레이엄 벨(Alexander Graham Bell)

1847년 영국 에든버러에서 태어난 알렉산더 그레이엄 벨은 1876년 세계 최초로 전화기를 발명한 것으로 널리 알려져 있습니다. 하지만 최근에는 그보다 빨리 전화기를 발명한 '안토니오 무치(Antonio Meucci)'를 최초의 전화 발명자로 인정하고 있습니다. (2002년 6월 미국 의회에서 공식적으로 안토니오 무치를 최초의 전화 발명자로 인정했습니다.)

알렉산더 그레이엄 벨.

그는 미국의 세계 최대 통신 회사인 AT&T을 창립해 그의 이름을 따서 만들어진 벨연구소가 설립되는 데 한몫을 담당했습니다. 이 때문에 일부 사람들은 그레이엄 벨의 최대 업적은 전화기 발명이 아닌 벨연구소 설립이라고 말하기도 합니다.

● 1대 소장 프랭크 볼드윈 주잇(Frank Baldwin Jewett)

프랭크 볼드윈 주잇은 1879년 미국 캘리포니아에서 태어나 시카고 대학을 졸업한 후 AT&T에서 엔지니어로 일했습니다. 그는 타고난 말주변과 뛰어난 머리 회전으로 일찌감치 상사들의 눈에 들어 대륙 횡단 전화선 개통에 크게 기여했습니다.

이후 AT&T의 사장이었던 시어도어 베일에게 인정받아 만국박람회 대

프랭크 볼드윈 주잇.

류횡단 전화선 개통의 책임자가 되었고, 이 임무를 무사히 해낸 끝에 벨연구소의 초대 소장직을 맡았습니다. 1925년부터 1940년까지 벨연구소의 소장으로 있으면서 벨연구소가 기틀을 잡는 데 크게 기여했습니다.

수많은 인재와 뛰어난 발명품에도 불구하고 벨연구소도 위기가 없었던 것은 아닙니다. 1929년 미국을 강타한 경제 대공황이나 1·2차 세계대전은 벨연구소를 위기에 빠뜨리기도 했습니다.

특히 1929년 세계 대공황의 영향으로 미국 경제가 큰 타격을 입고 수많은 은행과 기업들이 무너졌을 때 벨연구소의 모기업이던 AT&T 역시 전화가입자 수가 급감하면서 벨연구소에도 그 영향이 미쳤습니다. 당장 줄어든 예산으로 상당수의 인력을 해고해야만 했습니다. 하지만 프랭크 볼드윈 주잇은 연구원 숫자를 줄이기보다 급여 삭감과 주 4일제 근무를 도입해 벨연구소 연구원들을 최대한 보호해주었습니다.

■ 2대 소장 올리버 버클리(Oliver Ellsworth Buckley)

올리버 버클리.

올리버 버클리는 1914년 코넬 대학에서 물리학 박사학위를 받은 후 벨연구소에 입사했습니다.

올리버 버클리는 해저 통신 케이블의 전송 속도를 향상시키는 방법을 개발한 유능한 물리학자였습니다. 이후 해저 케이블에 대한 공로를 인정받아 에디슨 메달을 수상했습니다.

역대 소장들 가운데서도 생각이 깊기로 유명한 올리버 버클리는 벨연구소에서 대부분의 시간을 해저 케이블에 영향을 미치는 특수한 문제들을 연구하며 보냈고, 1940년부터 1951년까지 2대 소장으로 재임하는 동안 누구보다 성실하게 일했던 것으로 평가받고 있습니다.

■ 3대 소장 머빈 켈리(Mervin Kelly)

　　머빈 켈리는 1895년 미국의 미주리주에서 태어났습니다. 머빈 켈리는 철물점을 하는 아버지의 가게 일을 어린 시절부터 돕고, 동네 농부들 대신 소 떼를 목초지로 몰고 가는 일을 하여 용돈을 버는 활기차고 정열적인 소년이었습니다.

머빈 켈리.

　　또 열 살 때는 신문 배달 사업을 시작했는데 직접 배달하지 않고 아이들을 고용해서 사업 수완을 발휘하기도 했습니다. 그러나 머빈 켈리는 그저 노는 걸 좋아하는 단순한 개구쟁이는 아니었습니다. 고등학교 시절에는 열심히 공부해 반장과 졸업생 대표가 되었고, 열여섯 살 때는 미주리 광업대학에 장학생으로 입학하기도 했습니다.

　　이후 물리학자의 길을 택한 머빈 켈리는 시카고 대학에 입학해 당시 미국 최고의 과학자 중 한 명이던 로버트 밀리컨(Robert

Millikan) 밑에서 공부했습니다. 이후 머빈 켈리는, 밀리컨의 제자 중에서 실력이 뛰어난 인재를 보내달라는 프랭크 볼드윈 주잇의 부탁에 따라 1917년에 AT&T에 들어갔으며, 벨연구소에서 오랫동안 연구원으로 근무하며 경력을 쌓아 1951년부터 1959년까지 벨연구소 3대 소장을 역임했습니다.

머빈 켈리는 소장을 하는 동안 윌리엄 쇼클리를 발굴해 트랜지스터 개발을 도왔고 그 밖에도 레이더 개발, 위성통신 개발 등에 관여하여 벨연구소를 전성기로 이끌었습니다.

■ 4대 소장 제임스 피스크(James Fisk)

제임스 피스크.

케임브리지 대학에서 박사학위를 취득한 제임스 피스크는 늘씬하고 세련된 외모에 정중하고 차분한 성격으로 주변 사람들에게 인기 많은 인물이었습니다. 또한 머빈 켈리의 수제자로서, 2차 세계대전이 벌어지자 레이더의 개발 및 개량에 실질적인 책임을 맡아 일했습니다. 누구보다 머리 회전이 빠르고 의사결정에 타고난 재능이 있었던 그는, 머빈 켈리가 벨연구소를 떠난 뒤 1959년부터 1973년까지 벨연구소의 4대 소장직을 맡았습니다.

■ 해럴드 아널드와 진공관

　벨연구소의 초기 연구 과제 중에서 가장 중요한 부분은 어떻게 하면 전화를 더 멀리, 더 또렷하게 개통하느냐는 것이었습니다.

　이에 따라 AT&T 임원들은 벨연구소에 만국박람회 시기에 맞춰 뉴욕부터 샌프란시스코까지 전화를 연결하는 대륙 횡단 전화선 설치를 요구했습니다. 그런데 문제는 중계기에서 사용될 진공관이었습니다. 당시의 진공관은 너무 고장이 잦고 약해 먼 거리를 감당하기에는 문제가 많았습니다. 이 때문에 벨연구소의 연구원들 모두가 나서 내구성이 뛰어나며 전기를 적게 먹는 진공관 개발에 집중했지만 문제를 해결하는 건 쉽지 않았습니다.

　이때 대륙 횡단 전화선 개통에 책임을 맡은 프랭크 볼드윈 주잇은 당시 미국 최고의 석학이었던 시카고 대학의 밀리컨 교수를 찾아가 이 문제를 상의했습니다. 그러자 밀리컨 교수는 진공관 문제를 해결할 능력자로 자신이 가르치던 학생 가운데 한 명을 추천했습니다.

　그의 이름은 바로 해럴드 아널드(Harold Arnold)였습니다. 평소 밀리컨 교수 밑에서 실험물리학자로서 실력을 쌓아가던 그는 프랭크 볼드윈 주잇이 이끄는 연구팀에 합류하자마자 새로운 진공관 개발에 매달렸고 그 결과 당시 유행하던 삼극진공관을 개량해, 진공관 내부의 공기를 최대한 빼서 부분 진공 상태에 가깝게 만들어 장거리 전화선의 증폭기로 사용할 수 있는 새로운 형태의 중계기를 만드는 데 성공했

초기의 진공관.

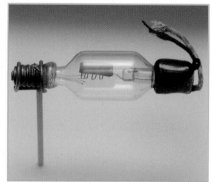

라디오 수신장치 역할을 한 플레밍 밸브(왼쪽)와 최초의 삼극진공관 오디온(오른쪽).

습니다. 덕분에 벨연구소는 대륙 횡단 전화선을 무사히 설치해 보다 먼 장거리 전화를 실용화하는 데 앞장설 수 있었습니다.

■ 윌리엄 쇼클리와 트랜지스터

아무리 진공관을 개선해도 진공관은 여전히 태생적으로 고장이 많고 수명이 짧은 장치였습니다. 게다가 당시의 진공관은 작동하는 데 전기가 많이 필요해 비효율적이었으며, 엄청난 열이 발생하는 문제점을 안고 있었습니다.

벨연구소는 통신의 효율성을 높이기 위해 이 문제를 해결하고 싶어 했습니다. 하지만 누구도 뾰족한 방법을 찾지 못했죠. 그 무렵 머빈 켈리가 MIT에서 스카웃한 윌리엄 쇼클리는 전혀 새로운 생각을 하고 있었습니다. 본래 고체를 원자 수준의 관점에서 연구하는 고체물리학자 출신이었던 그는 새로운 진공관을 만들기보다 반도체 물질을 이용해 기존의 진공관 기능을 수행할 수 있는 전혀 다른 형태의 장치를 개발하려 했습니다. 얼마 뒤 그는 자신의 이런 생각을 정리해 벨연구소 최고의 실험물리학자였던 월터 브래튼과 존 바딘에게 제품 개발을 맡기고, 자신은 연구 이론을 정리하는 데 몰두했습니다. 그 결과 꼼꼼하고 성실한 성격의 월터 브래튼과 존 바딘은 끊임없는 노력으로 1947년 인류 최초의 트랜지스터를 개발하는 데 성공했습니다.

트랜지스터는 진공관이 가지고 있던 증폭기의 역할을 뛰어넘어 다양한 기능과 가능성을 가지고 있었습니다. 덕분에 진공관을 대체할 목적으로 시작되었던 트랜지스터 연구는 진공관을 바꾸는 것에 그치지 않고 우리 삶에 큰 영향을 끼쳤습니다.

윌리엄 쇼클리와 월터 브래튼, 존 바딘은 이 공로를 인정받아 1956년 노벨물리학상을 수상했습니다.

1947년에 발표된 세계 최초의 트랜지스터와 이를 개발한 존 바딘, 윌리엄 쇼클리, 월터 브래튼(왼쪽부터)

클로드 섀넌은 1916년 미시간주에서 태어났습니다. 그는 어린 시절 유난히 기계와 전자장치에 관심이 많았습니다.

그는 1936년 미시간 대학을 졸업하면서 전기공학과 수학에서 두 개의 학위를 받았습니다. 졸업 후에는 MIT에서 전기공학으로 석사과정을 공부했습니다. 이 무렵 그는 초기 아날로그 컴퓨터에 해당하는 미분해석기에 매료당해 연구에 연구를 거듭해 전자식 디지털 컴퓨터의 이론적 기반을 만들어나갔습니다.

그후 벨연구소에 입사한 섀넌은 2차 세계대전 당시 독일군의 암호를 알아내기 위해 잠시 암호 연구에 빠지기도 했지만, 전쟁이 끝나자 다시 정보통신을 수학적으로 설명하는 이론을 만들어내기 위해 몰두했습니다.

그 결과 1948년에 역사상 최고의 석사 논문으로 손꼽히는 「통신의 수학적 이론(A Mathematical Theory of Communication)」을 《벨

클로드 섀넌.

시스템 기술 저널(Bell System Technical Journal)》에 발표했습니다. 이 논문에 소개된 이론은 오늘날 디지털통신의 기반이 되었습니다. 뿐만 아니라 그는 샘플링 이론을 창안하여 아날로그로만 이루어지던 전자기 통신을 디지털 정보통신으로 변화시키는 데 결정적으로 기여했습니다.

체스에 특별한 관심이 있었던 그

는 인공지능 분야가 생겨나기도 전에 이미 컴퓨터와의 체스 대결을 상상하며 컴퓨터 프로그램을 만들기도 했습니다. 이때 그는 처음으로 알고리즘의 이론적 기반을 만들었습니다.

윌리엄 쇼클리가 트랜지스터를 만들어 컴퓨터와 통신 장비의 획기적인 발달의 토대를 만들었다면, 클로드 섀넌은 전자회로의 움직임을 이론적으로 정립하여 디지털 세계를 창조하는 데 큰 몫을 담당했습니다.

● 존 로빈슨 피어스와 위성통신

어려서부터 글라이더 날리기를 좋아하고 다소 엉뚱했던 피어스는 벨연구소에 들어온 뒤에도 연구 외에 글쓰기나 친구 사귀기를 좋아하는 재미있는 사람이었습니다. 이 덕분에 그는 트랜지스터가 처음 발명됐을 때 자신의 특기인 글쓰기 실력을 발휘해 '트랜지스터'라는 이름을 만들어준 것으로도 유명합니다. 하지만 그를 더욱 유명하게 한 만든 것은 바로 인공위성을 이용한 위성통신이었습니다.

캘리포니아 공과대학 출신이었던 피어스는 벨연구소에 입사한 뒤 처음에는 진공관을 연구했지만, 어느 순간부터 마이크로파에 관심을 가졌습니

존 로빈슨 피어스.

다. 그러다가 엉뚱한 성격답게 지구와 달 사이에 메시지를 주고받을 방법이 없을까 생각했습니다.

얼마 뒤 그는 마이크로파를 이용하면 자신의 상상이 현실이 될 수도 있다는 것을 깨달았습니다. 그는 자신의 상상력에서 얻은 아이디어를 하나씩 구체화해 인류 최초로 위성통신을 만드는 데 앞장섰습니다. 그 결과 벨연구소는 오랜 시간에 걸쳐 위성통신에 필요한 여러 가지 발명품을 하나하나 개발했고, 1960년에는 나사의 도움을 받아 인류 최초의 위성통신인 에코위성을 쏘아 올리는 데 성공했으며, 1962년에는 최초의 능동통신 위성인 텔스타 위성을 발사해 실시간 라이브 TV 방송의 신세계를 열었습니다.

■ 찰스 타운스와 레이저

존 로빈슨 피어스가 위성통신을 개발할 당시, 우주에 있는 통신 위성이 지구까지 신호를 전달하기 위해서는 신호를 증폭할 장치가 필요했습니다. 이에 따라 1954년에 암모니아 기체를 사용해 마이크로파를 증폭하는 메이저라는 장치가 개발되었습니다. 이것을 만든 사람이 바로 듀크 대학과 명문 캘리포니아 공대에서 공부한 찰스 타운스입니다.

이후 그는 연구를 계속 이어가 1958년에는 동료 과학자인 아서 숄로(Arthur Schawlow)와 함께 가시광선을 사용한 메이저, 즉 레이저(laser)를 만드는 방법을 제안한 논문을 세계 최초로 발표했습니다. 그러나 아쉽게도 찰스 타운스는 레이저 발진장치를 만드는 데는 실패했습니다. 하지만 레이저의 원리를 개발한 공로로 1964년 노벨물리

찰스 타운스.

학상을 받아 지금까지도 레이저 발명의 아버지로 불리고 있습니다.

레이저의 발명은 당시 과학자들에게 당시의 통신과 비교했을 때 수천 배 이상의 정보 전달이 가능한 새로운 통신수단으로 여겨졌습니다. 이에 따라 수많은 과학자들은 레이저 빛을 멀리까지 안전하게 전송할 수 있는 방법을 연구했고, 그 결과 꿈의 통신 기술이라고 불린 광통신이 등장합니다.

벨연구소의 명성은 결정적일 때마다 신제품을 성공적으로 개발하여 전자통신의 발전을 실질적으로 이끌어온 이들 과학자들 덕분에 굳건해졌습니다.

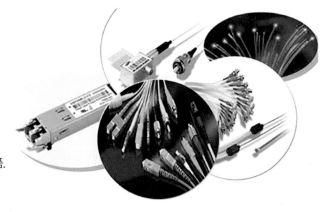
다양한 광통신 부품.

한눈에 보는 벨연구소의 역사

1885년

알렉산더 그레이엄 벨이 뉴욕에서 AT&T (American Telephone & Telegraph)를 설립.

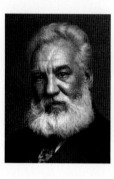

1925년

AT&T와 웨스턴 일렉트릭(Western Electric)의 공동출자로 벨연구소 설립. 초대 소장은 프랭크 볼드윈 주잇이 맡는다.

1933년

벨연구소 연구원 칼 얀스키(Karl G. Jansky)가 장거리 통신에서 발생하는 잡음을 조사하다가 이 잡음이 은하계 중심부에서 발생하는 전파와 관련 있다는 사실을 발견한다. 이후 **전파망원경**과 전파천문학의 시초가 된다.

1940년

벨연구소 2대 소장에 올리버 버클리가 임명된다.

1942년

벨연구소 확장 이전, 뉴저지에 '**머레이힐 연구소**'가 문을 열다.

1947년

윌리엄 쇼클리, 존 바딘, 월터 브래튼이 세계 최초로 **트랜지스터**를 발명한다.

1948년

천재 수학자 **클로드 섀넌**이 정보이론의 효시가 된 논문 「통신의 수학적 이론」을 발표한다.

1951년

3대 소장에 **머빈 켈리**가 임명된다.

1800 ⟶ 1920 ⟶ 1930 ⟶ 1940

1952년

애플의 음성인식 시스템인 '시리(Siri)'의 선조 격에 해당하는 음성 숫자인식 시스템 오드리 (Audrey)를 개발, 인류 최초로 음성인식장치를 선보인다.

1954년

세계 최초의 양전지를 발명한다.

1958년

광학 주사, 에너지 연구 및 물질 가공 등의 분야에 혁신을 일으킨 **레이저 기술을** 발명한다.

1959년

4대 소장에 제임스 피스크가 임명된다.

1962년

세계 최초의 **통신 위성 텔스타**를 발사한다.

1964년

최초의 화상 전화기를 발명한다.
뉴욕 박람회에서 디즈니랜드까지 유선전화를 통해 화상 대화에 성공한다.

1973년

윌리엄 올리버 베이커 (William Oliver Baker)가 벨연구소 5대 소장에 임명된다.

1974년

디지털 사진기의 탄생을 가능하게 만든 **CCD 이미지 센서를** 발명한다.

1983년

UNIX 시스템에 사용되는 C++ 언어를 만든다.

1990년

자기공명화상법을 활용하여 뇌 질병을 역학적으로 진단하는 MRI 개발의 토대를 제공한다.

1950 → **1960** → **1970** → **1980** → **1990**

1장. 대륙 횡단 전화선과 진공관 개발

거대 통신회사였던 AT&T는 설립 이후 10여 년간 수많은 경쟁 기업체로부터 '공공의 적'에 가까운 취급을 받았다.

우~ 통신업계를 장악하려는 AT&T는 물러가라!

통신 거인 AT&T는 반성하라!

후유~ 툭하면 특허권 분쟁에 시달리니 제대로 사업을 할 수가 없어. 뭐 좋은 방법이 없을까?

이때 AT&T를 구원할 사람이 등장했다.

제가 도와드리죠.

누, 누구…?

그의 이름은 시어도어 베일이었다.

안녕. 내 이름은 시어도어 베일이야.

베일은 전보 교환원으로 일을 시작해서 1907년 AT&T 사장에 취임한 입지전적 인물이었다.

사업수완이 뛰어났던 그는 취임과 동시에 회사의 높은 경쟁 비용으로 전화 사업의 수익성이 과거보다 떨어졌다는 걸 알고 특허권 싸움에서 한발 물러섰다.

소송에 들어가는 비용이 너무 많아.

특허권 문제는 우리가 양보할게. 앞으로 사이좋게 지내.

정말?

대신 그는 '하나의 정책, 하나의 시스템, 세계적인 서비스'라는 표어를 내세우며

하나의 정책
하나의 시스템
세계적인 서비스

이제는 작은 것에 연연하지 말고 더 큰 걸 노려야 할 때야!

그러기 위해서는 여러 시스템을 하나의 시스템으로 통합하고 기술적인 호환성을 높여 보다 좋은 서비스를 제공해야만 해.

1914년에 열리는 만국박람회에 맞춰 뉴욕과 샌프란시스코를 잇는 대륙 횡단 전화선을 개통하고자 했다.

그리고 세계적인 서비스를 상징하는 의미로 기존의 장거리 전화를 뛰어넘는 대륙 횡단 전화선에 도전해야 해!

그는 이것만이 AT&T가 세계적인 서비스를 향해 한 걸음 더 나아갈 수 있는 방법이라고 믿었다.

AT&T

한편 1904년 AT&T에 입사한 프랭크 볼드윈 주잇은 뛰어난 말주변과 머리 회전으로 신임을 얻어 빠르게 승진했다.

흠~ 똑똑한 데다 싹싹하기까지하군. 마음에 들어.

1909년에 선임관리자가 된 주잇은 베일의 요청에 따라 샌프란시스코를 방문, 매일 밤 대륙 횡단 전화선의 가능성에 대해 토론을 벌였다.

만국박람회에 맞춰 뉴욕과 샌프란시스코를 잇는 대륙 횡단 전화선을 개통하고 싶은데, 자네들 생각은 어떤가?

넷? 대륙 횡단 전화선이요?

결국 주잇은 만국박람회 대륙 횡단 전화선 개통의 책임자가 되었다.

잘 부탁하네.

최선을 다하겠습니다.

프랭크 볼드윈 주잇(1879~1949)

1879년 미국 캘리포니아에서 태어나 시카고 대학을 졸업했으며 AT&T에서 엔지니어로 일하면서 대륙 횡단 전화선 개통에 큰 역할을 했습니다. 이후 초대 벨연구소 소장을 지냈으며, 이 밖에도 미국 전신전화회사 부회장, 웨스턴전기 회사 부회장, 정부의 기술고문, 미국 과학아카데미 회장 등의 요직을 두루 역임하며 벨연구소의 기틀을 잡는 데 큰 기여를 한 것으로 평가받습니다.

당시 AT&T의 서비스는 장거리 전화라고 해봤자 뉴욕과 시카고 정도의 거리가 최대 한계였다.

지금까지 지속적으로 먼 거리까지 전화를 연결하기 위해 노력했지만 뉴욕에서 시카고 정도가 한계였어.

또한 주잇은 기술적인 문제를 이해하는 데는 빨랐지만, 그 문제를 해결하는 데는 적임자가 아니었다.

보다 먼 거리까지 안정적으로 전화를 하려면 새로운 중계기가 필요한데 그걸 어떻게 만들지?

나 혼자 고민할 게 아니라 이 분야에 적합한 사람을 찾아야겠어.

오오~ 내가 다녔던 시카고 대학에 딱 맞는 사람이 있어!

주잇은 관리와 사교 쪽에 재능이 있었기 때문에 누구에게 도움을 청하면 되는지 잘 알고 있었다.

교수님, 벨시스템이 만국박람회에 맞춰 뉴욕부터 샌프란시스코까지 전화를 연결하기로 했는데 현재의 기술로는 불가능합니다. 교수님의 도움이 필요합니다. 도와주세요!

음…. 도움이 될 만한 사람이 누가 있는지 생각 좀 해봐야겠군.

교수님, 제발…

밀리컨 교수는 자신의 제자 중 한 사람으로 뛰어난 실험물리학자였던 해럴드 아널드를 추천했다.

인사하게. 이쪽은 내 제자인 해럴드 아널드네. 자네에게 도움이 될 거야.

감사합니다!

이렇게 합류한 해럴드 아널드는 주로 '오디언(Audion)'이라는 증폭기를 개량하는 작업에 매달렸다.

더 먼 거리에 안정적으로 소리를 보내기 위해서는 보다 강력한 증폭장치가 필요해.

바로 이거야! 작은 신호를 크게 만드는 오디언을 이용하면 되겠어.

그는 오랜 시행착오 끝에 오디언을 개량한 새로운 중계기를 만드는 데 성공했다.

고진공 상태에서 오디언의 효율이 높아질 거라고 가설을 세웠는데 그 가설이 맞았어!

그리고 마침내 주잇과 밀리컨 교수 앞에서 자신이 개발한 중계기가 다른 중계기보다 우수하다는 사실을 인정받았다.

이걸로 하지. 자네가 만든 중계기가 가장 소리가 좋네.

야호!

진공관의 발달 과정

1884년 에디슨이 전구를 실험하는 과정에서 전구에 전극을 하나 더 넣었는데, 전극이 양전하를 띠면 전구에 불이 들어올 때 필라멘트에서 전극으로 전류가 흐르는 것을 발견했습니다. 이를 에디슨 효과라고 합니다. 이후 이 현상에서 착안해 영국의 플레밍(John Ambrose Fleming)이 1904년에 최초의 진공관인 이극진공관을 발명했습니다. 뒤를 이어 미국의 리 디 포레스트(Lee de Forest)가 삼극진공관을 발명했습니다. 1912년에는 벨연구소의 해럴드 아널드가 진공관의 내부 구조를 바꾸고 진공관 내부를 부분 진공 상태에 가깝게 만들어 장거리 전화선의 증폭기로 개량했습니다.

라디오 수신장치 역할을 한 플레밍 밸브

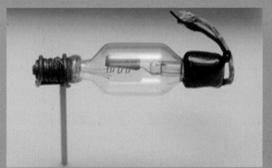

최초의 삼극진공관 오디언

1915년, 마침내 새로운 진공관 중계기를 사용한 대륙 횡단 전화선이 만국박람회에 맞춰 완공되었다.

끝이 안 보여!

당연하지. 대륙 횡단을 위해 사용된 전봇대 수가 무려 13만 개라고.

※본래 1914년에 열리기로 한 만국박람회가 주최 측의 사정으로 1915년에 열렸다.

만국박람회에서 알렉산더 그레이엄 벨은 40년 전 전화를 발명한 날 왓슨에게 했던 말을 흉내 내며, 뉴욕에 앉아 샌프란시스코에 있는 옛 조수 토머스 왓슨에게 전화를 거는 이벤트를 열었다.

왓슨, 이리 와주게. 자네가 필요해.

지금 거기까지 가려면 일주일은 걸릴 텐데요.

이로써 사람이 직접 가는 데 일주일이나 걸리는 거리를 21달러에 3분간 통화할 수 있는 시대가 열렸다.

이게 바로 내가 원하던 세계적 서비스의 첫걸음이야!

이 일을 계기로 아널드가 개량한 오디언은 진공관이라는 이름으로 알려지며 통신에 일대 혁명을 가져왔다.

이게 바로 진공관이군.

진공관의 기능

진공관은 약한 전화신호나 라디오 송신을 증폭하는 데 그치지 않고 교류를 직류로 바꿀 수 있었기 때문에, 전력망에서 교류를 받아서 직류로 부품을 구동시켜야 했던 초기 라디오 및 TV에 없어서는 안 될 요소였습니다. 또한 진공관은 전류를 켜고 끄는 단순하고 빠른 스위치 기능도 했습니다.

1916년 AT&T의 자회사인 웨스턴 일렉트릭 공학부서의 부서장으로 임명된 주잇은 대륙 횡단 전화선 개통의 성공을 계기로 과학자들을 한층 신뢰하게 되었다.

앞으로 해럴드 아널드 같은 과학자를 더 많이 고용해야겠어.

이에 따라 주잇은 꾸준히 각계의 인재들에게 AT&T로 와달라는 편지를 보냈다.

인재를 얻기 위해서라면 이 정도쯤이야.

그 결과 수많은 인재들이 AT&T로 몰려들었고, 그 가운데는 머빈 켈리도 있었다.

와줘서 고맙네.

머빈 켈리라고 합니다.

이렇게 모인 인재들은 뉴욕의 웨스트가 그리니치 빌리지의 서쪽 끝자락에 위치한 웨스턴 일렉트릭 본사에서 일을 시작했다.

어서 오세요. 지금부터 여러분이 일할 곳을 소개해드리겠습니다.

머빈 켈리(1895~1971)

1895년 미국의 미주리주에서 태어나 시카고 대학에서 박사학위를 받았습니다. AT&T가 만든 자회사인 웨스턴 일렉트릭에 입사한 후 벨연구소에서 오랫동안 연구원으로 근무했고, 윌리엄 쇼클리를 발굴해 트랜지스터 개발의 초석을 닦았습니다. 1951년부터 1959년까지 벨연구소 3대 소장을 역임했습니다.

AT&T는 크게 전화 서비스를 제공하는 부문과 전화장비를 생산하는 부문, 장거리 서비스를 구축하는 부문으로 나눠지는데 이곳 웨스턴 일렉트릭은 전화 서비스를 가능하게 하는 장비를 생산하는 역할을 담당하고 있습니다.

헉! 설계도 그리는 사람만 수십 명이야.

그뿐만이 아니야. 옥상에는 화학자들이 다양한 페인트로 금속이 악천후를 얼마나 잘 견디는지 실험하고 있어.

그리고 기억하셔야 할 게 AT&T에는 옛날부터 내려오는 한 가지 독특한 방침이 있습니다.

그게 뭐죠?

입사 첫해, 아무리 박사라도 AT&T의 방식을 배워야 했다.

입사한 사람은 학력과 상관없이 가장 기본적인 업무부터 익혀야 합니다.

박사학위까지 땄는데 전봇대 올라가는 방법부터 익혀야 하다니.

해럴드 아널드의 부서에서 일을 시작한 머빈 켈리는 클린턴 데이비슨이라는 물리학자와 연구실을 같이 사용했다.

인사 나누게. 이쪽은 머빈 켈리, 이쪽은 클린턴 데이비슨.

때마침 1차 세계대전 막바지인 탓에, 머빈 켈리는 미군 측이 유럽에서도 이용할 수 있는 기술 개발을 요청받았다.

혹독한 전투 상황에서도 견딜 수 있는 무전기와 케이블, 전화기를 만들어 주십시오.

알겠습니다.

혹독한 전투 상황에서 견디려면 역시 내구성이 중요해. 그렇다면 가장 문제가 되는 부품은 진공관이야.

이를 위해 머빈 켈리는 동료인 클린턴 데이비슨과 함께 내구성 강한 진공관 개발에 몰두했다.

목표는 지금까지 나왔던 그 어떤 진공관보다 튼튼한 진공관이야!

하지만 내구성이 강한 진공관을 개발하는 일은 생각만큼 쉬운 일이 아니었다.

진공관이 또 깨졌어.

켈리는 전문 유리 세공인들의 도움을 받아 진공관을 설계하고 제작한 후 하나씩 불량 검사를 해야 했다.

단 하나의 불량도 용납할 수 없어.

다행히 켈리는 데이비슨의 도움으로 임무를 무사히 수행하였고 1차 세계대전이 끝날 무렵에는 진공관 개발을 책임지는 자리에 올랐다.

덕분에 전쟁에서 이길 수 있었습니다.

수고했네. 앞으로 자네를 진공관 개발 책임자로 임명하겠네.

감사합니다.

이 무렵 웨스턴 일렉트릭사는 각종 전화장비를 연구 개발하는 공학부서가 매우 비대해졌다.

사람이 너무 많아.

연구를 하기 위해서 좀 더 좋은 환경을 만들 순 없을까?

AT&T 임원진은 웨스턴 일렉트릭사의 공학부서를 반독립적인 회사로 분리하기로 결정했다.

안 그래도 공학부서만 떼어내서 좀 더 훌륭한 연구소를 만들 계획이네.

정말요?

1925년 1월 1일, 드디어 벨연구소가 탄생했다.

약 56,000m²의 공간에서 2,000여 명의 연구원들이 일하게 될 거야.

와!

동시에 AT&T의 최고 엔지니어인 존 카티와 벨연구소의 신임 소장 프랭크 볼드윈 주잇이 이끄는 새로운 이사회가 벨연구소를 관리하는 형태가 만들어졌다.

나는 사장.

난 최고 엔지니어.

난 벨연구소 초대 소장.

시어도어 베일

존 카티

프랭크 주잇

해럴드 아널드

머빈 켈리

그리고 이것은 AT&T가 꿈꿔왔던 미래상을 실현하기 위한 본격적인 시작을 의미했다.

벨연구소는 비교적 빠른 시간 안에 쓰일 기술을 뛰어넘어 먼 훗날 통신에 미칠 영향을 연구하는 곳입니다. 이를 위해 이곳에서 일하는 사람들이 천재성을 발휘할 수 있도록 자유로운 환경을 만들겠습니다.

벨연구소 만세!

2장. 디지털 세상을 연 트랜지스터의 발명

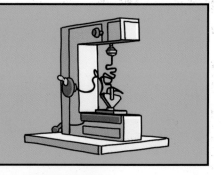

1929년 세계 대공황의 영향으로

대공황기 미국 다우지수

아아악~!
주가가!!

1928년 1929년 1930년 1932년

미국 경제는 큰 타격을 입고
많은 은행과 기업들이 무너졌다.

파산!

기업

은행

평생 몸 바친
회사가 하루아침에
망하다니.

일자리는 줄어들고 가계 소득도 대폭 감소했다.

FREE SOUP

가족들이
며칠째 아무것도
못 먹었어.

일할 곳이
필요해.

맞아. 어디
일할 곳이
없을까?

그 영향으로 AT&T의 전화가입자 수가 급감했다.

히잇!

대공황

벨연구소 소장
프랭크 주잇

3년 만에 250만
가구 이상이 전화
가입을 해지했어.

회사가 망할 지경이야! 어떡하든 돈 나갈 구멍을 줄여!

알겠습니다.

으…. 어떡하면 좋지? 이대로 두면 모두가 길거리로 나앉고 말 텐데.

결국 벨연구소 소장이었던 프랭크 주잇은 급여 삭감과 주 4일 근무를 도입할 수밖에 없었다.

미안해. 어쩔 수 없는 선택이었어.

이 무렵, 불행하게도 주잇의 연구 담당 부관이었던 해럴드 아널드가 심장마비로 죽고

흑흑~ 하필이면 이런 때. 가장 믿을 만한 동료였는데.

후임으로 키가 크고 생각이 깊은 올리버 버클리가 임명되었다.

그는 뛰어난 실험 물리학자로서 대서양 횡단 케이블 가설이 평생의 꿈이었다.

바다 멀리 섬나라하고도 전화를 가능케 만들 거야.

버클리는 벨연구소에서 대부분의 시간을 해저 케이블에 영향을 미치는 특수한 문제들을 연구하며 보냈다.

바닷물에서 얼마나 견딜 수 있는지 실험해 봐야지.

한편, 진공관 생산 책임자로 일하던 머빈 켈리는

음… 생산성을 올릴 방법이 뭐가 있을까?

중계기용 진공관의 수명을 1천 시간에서 8만 시간으로 늘린 공로를 인정받아 연구부 부장으로 승진했다.

덕분에 비용을 절감했어. 앞으로도 잘 부탁하네.

감사합니다.

이로써 벨연구소는 프랭크 주잇, 올리버 버클리, 머빈 켈리 세 사람이 이끌어가는 형태가 되었다.

영차!

벨 연구소

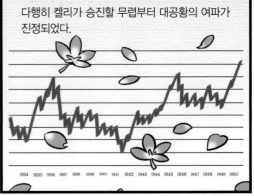

다행히 켈리가 승진할 무렵부터 대공황의 여파가 진정되었다.

1934 1935 1936 1937 1938 1939 1940 1941 1942 1943 1944 1945 1946 1947 1948 1949 1950

오~! 다시 전화가입자 수가 늘고 있어!

회사가 옛날처럼 수익이 늘면 가장 먼저 해야 할 게 있어.

그게 뭔가?

그건 바로 실력 있는 과학자를 확보하는 겁니다.

켈리는 가장 먼저 연구부서에 과학자들을 고용할 자금부터 확보했다.

사람이 곧 우리의 미래이자 재산입니다. 부족한 연구 인원부터 채울 수 있도록 해주십시오.

그리고 대공황 여파로 취직이 힘들어진 우수한 인재를

대학은 졸업했는데 막상 갈 곳이 없어.

그 어느 때보다 손쉽게 고용했다.

벨연구소에서 우수한 과학자들을 모집합니다! 어서 오세요!

앗! 벨연구소라고!

나는 벨연구소에 입사할 거야.

나도.

LABS

켈리는 이 가운데서 MIT 출신의 젊은 박사 두 명을 직접 고용했다.

누가 우리 연구소에 가장 적합할까?

오오~ 이 느낌은!!

그들의 이름은 윌리엄 쇼클리와 제임스 피스크였다.

윌리엄 쇼클리와 제임스 피스크

윌리엄 쇼클리는 고체물리학자로 1930년대 후반 반도체 개발을 주도했으며, 1940년대 초에는 레이더 개발에 참여, 1947년에는 트랜지스터 개발에 성공한 벨연구소를 대표하는 인물입니다. 1956년에는 노벨물리학상을 수상하기도 했습니다. 한편 제임스 피스크는 벨연구소 4대 소장(1959~1973년)으로 레이더 개발 및 개량의 실질적인 책임을 맡아 일한 인물입니다.

윌리엄 쇼클리

제임스 피스크

쇼클리와 피스크는 다른 신입사원들과 함께 더 깊은 공부를 하기 위해 목요일 오후에 모임을 갖는 연구회를 조직했다.

과학 공부가 세상에서 제일 재미있어.

이들은 특히 고체물리학 분야에 관심이 많았다.

고체물리학? 그게 뭐지?

고체물리학이란 고체 상태의 물질이 갖고 있는 성질과 그 성질을 갖게 된 원인을 밝히고 그렇게 해서 얻은 지식을 응용하는 학문이야.

응?

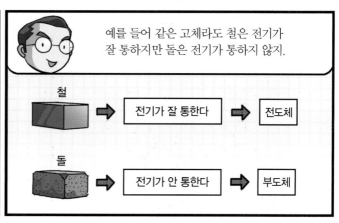

예를 들어 같은 고체라도 철은 전기가 잘 통하지만 돌은 전기가 통하지 않지.

철 ➡ 전기가 잘 통한다 ➡ 전도체

돌 ➡ 전기가 안 통한다 ➡ 부도체

이처럼 같은 고체라도 왜 다른 성질을 갖게 되었는지 아주 작은 원자 수준의 관점에서 연구하는 것이 고체물리학의 주요 관심사야.

아~

한편 이 무렵 AT&T는 대공황의 그늘에서 벗어난 뒤 매일 7,300만 통의 전화 통화가 벨 시스템을 통해 이뤄질 정도로 발전하고 있었다.

회사가 완전히 회복됐어.

하지만 회사가 커질수록, 가입자가 많을수록 안정적인 통화를 유지하기 어려웠고,

히이익! 또 고장이야!

가입자가 부담해야 하는 비용이 계속 증가했다.

품질도 안 좋은데 전화 요금이 뭐 이렇게 비싸! 가성비가 꽝이네!

벨연구소의 연구원들은 이러한 문제들을 해결하기 위해 다양한 노력을 해야 했다.

가입자들이 만족할 만한 통신 품질을 만들려면 어떻게 해야 할까?

벨연구소의 과학자와 기술자들은 전화 케이블에 비와 얼음이 스며드는 것을 막기 위한 피복을 발명하느라 많은 노력을 기울였다.

에구에구~ 피복을 발명하다 보니 어느새 나이가….

누군가는 품질 관리를 목적으로 수화기가 받침대에 수만 번 떨어지는 충격을 재현하기 위해 투하기를 발명하기도 했으며

누구는 광택제와 마감재의 긁힘 방지 특성을 시험하기 위해 딱따구리 기계를 만들기도 했다.

어떤 과학자는 나무와 케이블을 쏠아서 매년 수십 만 달러의 피해를 야기하는 땅다람쥐와 흰개미의 행동도 연구해야 했다.

혹시 곤충학자?

천만에 벨연구소 직원이야.

이 모든 것은 결국 통신 기술의 효율성을 높이기 위해서였다.

기술이 발전하면 품질도 좋아지고 비용도 절감되지.

그러나 통신에서 가장 중요한 진공관 기술은 여전히 제자리걸음이었다.

몇 년째 제자리야.

머빈 켈리는 이 문제로 큰 고민에 빠졌다.

끙!

훌륭하고 완전한 전화 서비스를 최대한 낮은 가격에 공급하려면 새로운 기술이 필요해. 뭐가 있을까?

그러던 어느 날, 켈리는 쇼클리가 어려운 문제를 해결하는 방식이 남다르다는 걸 알았다.

정답은 이거야.

어떻게 한눈에 알 수 있지?

난 천재거든.

대박! 천재 인정!!

그래! 쇼클리라면 우리의 문제를 해결해 줄 수 있을 거야.

켈리는 쇼클리의 연구실을 찾아가 그에게 제안했다.

안녕, 쇼클리. 상의할 게 있어서 왔네.

상의요?

전화통화에서 접점을 개폐하는 계전기를 몽땅 전자기기로 교체해서, 계전기로 인해 발생하는 문제를 줄일 수 있으면 좋겠네.

네? 갑자기 그게 무슨…?

쇼클리는 그 말이 곧 핵심 부품인 계전기와 진공관의 내구성과 품질이 떨어진다는 의미라는 것을 눈치챘다.

흠, 무슨 뜻인지 알았어.

진공관의 문제점

진공관 제작은 워낙에 정밀한 작업을 요하기 때문에 망가지는 경우가 많았고, 손이 많이 가는 노동집약적 사업이었으며, 복잡해서 만들기도 어려웠습니다. 무엇보다 당시의 진공관은 작동하는 데 전기가 많이 필요해 비효율적이었으며, 과다한 전기로 인해 엄청난 열이 발생하는 문제점을 안고 있었습니다.

이때부터 쇼클리는 마음속으로 하나의 목표를 세웠다.

좋아! 내가 계전기와 진공관의 내구성과 품질을 획기적으로 개선한 새로운 제품을 만들겠어!

부탁해, 쇼클리.

그런데 저도 부탁이 하나 있는데요.

응, 뭐든 말해봐.

구경하고 싶은 연구실은 어디든지 출입할 수 있게 해주세요.

좋아. 어디를 가도 상관없도록 특별 조치를 취하겠네.

덕분에 평소 고체물리학에 관심이 많았던 쇼클리는 자유롭게 자신의 관심 분야에 대한 공부를 이어갈 수 있었다.

누구지? 혹시 도둑?

그 결과 쇼클리는 1939년 후반에 전자 증폭기 제작 방법에 대한 아이디어를 정립할 수 있었다.

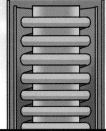

그의 아이디어는 해럴드 아널드가 만들었던 구식 중계기 진공관과 비슷했지만, 고체 재료로 만들어 진공관의 문제점을 해결하는 것으로 쇼클리는 이것을 고체 증폭기라 불렀다.

고체 증폭기를 사용하면 진공관처럼 쉽게 깨지지 않고 전력 소모도 줄일 수 있을 거야. 그럼 발열 문제도 자연스럽게 해결돼.

그리고 쇼클리는 이때 이미 반도체라는 물질이 진공관을 대체할 이상적인 고체 재료일 수도 있다는 것을 눈치챘다.

반도체는 특정 상황에서 전류가 한 방향으로만 흐르도록 해. 이런 속성으로 반도체는 특정 전자회로에서 유용하게 활용될 가능성이 있어.

반도체

구리처럼 전도성이 좋지도 않고 유리처럼 절연성이 좋지도 않고 그 중간에 있는 물질을 의미합니다. 일반적으로 저온에서는 부도체(전기 전도율이 작고 잔류를 거의 통과시키지 않는 물질)에 가까우나 온도를 높이면 전기 전도성이 높아지며 주로 증폭 장치, 계산 장치 등을 구성하는 집적회로를 만드는 데 쓰입니다.

이후 쇼클리는 자신의 생각을 반도체인 산화구리를 이용한 실험으로 구현하고자 실험 물리학자인 월터 브래튼을 찾아갔다.

안녕, 브래튼.

무슨 일로?

산화구리 정류기를 잘만 만들면 증폭기가 될 수도 있을 거 같아.

글쎄, 그거랑 비슷한 실험을 이미 다른 동료와 해봤는데 잘 안 되던데?

끈질긴 설득에 넘어간 브래튼은 1940년 초에 쇼클리가 만든 이론으로 두 개의 실험용 샘플을 만들었다.

그러지 말고 내 이론대로 만들어줘.

아, 알았어.

하지만 두 사람은 아무런 결과도 얻지 못했다.

거봐, 내가 뭐랬어.

그래도 쇼클리는 포기하지 않았다.

이럴 리 없어. 분명 뭔가 다른 방법이 있을 거야.

으휴~ 고집하곤.

그러던 중 2차 세계대전이 발발했다.

쇼클리의 실험은 어쩔 수 없이 중단되고 말았다.

1945년 9월에 2차 세계대전이 끝났고 벨연구소에 많은 변화가 일어났다.

와! 전쟁이 끝났다!

평소 정치에 관심이 많았던 주잇은

종전 직전인 1944년에 벨연구소 회장이라는 명예직으로 자리를 옮겼다.

난 정치할래. 연구소는 이제 네가 맡아줘.

회장 주잇

버클리는 소장이 되었으나 AT&T 경영회의와 온갖 강연으로 바빠 연구소에 신경을 쓸 수 없었다.

강연 때문에 엄청 바쁘군.

켈리, 앞으로 연구소는 네가 맡아줘.

제가요?!

벨연구소는 자연스럽게 부소장인 머빈 켈리의 관리 아래에 들어갔다.

좋아! 이렇게 된 거 본격적으로 해보자!

웨스트가의 연구소는 너무 낡았어. 좋은 연구 환경을 위해 새로운 연구소를 지어야 해.

켈리는 낡을 대로 낡은 뉴욕 웨스트가의 연구소를 뉴저지의 한적한 머레이힐로 옮겨 최고의 연구시설을 갖춘 새로운 연구소를 만들었다.

완벽해! 증기, 가스, 질소 등 실험에 필요한 모든 재료가 있을 뿐 아니라 언제든 칸막이를 이용해 구조도 마음대로 변경할 수 있어!

그즈음 연구소를 떠났던 사람들이 하나둘 돌아왔다.

그 가운데는 쇼클리도 있었다. 그는 여전히 전쟁 직전 연구했던 고체 증폭기 기술에 흥미를 갖고 있었다.

마치 고향으로 돌아온 거 같아. 예전에 못다 한 연구나 해볼까?

고체물리학 분야의 발전을 위해서는 이론 및 실험에 대한 접근 방식을 통합해야 해.

그러기 위해선 모든 연구 활동들을 하나로 묶는 연구팀을 만드는 게 좋겠어.

벨연구소의 혁신을 위해 고체물리학 분야의 중요성을 알았던 켈리는 쇼클리를 관리자로 임명해 고체물리 연구팀을 구성하도록 했다.

쇼클리, 자네가 연구팀의 책임을 맡아주게.

네, 최선을 다하겠습니다.

그 결과 쇼클리는 존 바딘과 월터 브래튼이 주축이 되는 고체물리 연구팀을 만들었다.

이제부터 우리는 한 팀이야. 리더는 나고.

쇼클리와 한 팀을 이룬 존 바딘과 월터 브래튼

존 바딘은 물리학자 및 전기공학자로 1947년 쇼클리, 브래튼 등과 함께 트랜지스터 개발에 성공한 인물입니다. 이 공로로 1956년에 쇼클리, 브래튼 등과 함께 노벨물리학상을 받았습니다. 이후 1972년에 쿠퍼 등과 함께 노벨물리학상을 한 번 더 받았습니다. (왼쪽부터 존 바딘, 윌리엄 쇼클리, 월터 브래튼)

산화구리는 실패했으니 다른 반도체 물질은 뭐가 있을까?

이 무렵 벨연구소의 과학자들은 실리콘이라는 물질에 주목하고 있었다.

이게 뭐라고?

실리콘이래.

그 가운데서도 윗부분과 아랫부분의 전류 방향이 반대인 실리콘 잉곳(ingot) 샘플을 찾아냈다.

실리콘 잉곳에 대한 전류 실험을 해봐야겠어.

러셀 올

그들은 샘플에 빛을 쪼였더니 놀랄 만큼 큰 전압이 발생한다는 사실을 알아냈다.

휘릭

전압이 갑자기 급상승했어!

잉곳

고순도로 정제된 실리콘(규소) 용액을 주물에 넣어 회전시키면 실리콘 기둥이 만들어집니다. 이 기둥을 잉곳이라고 부릅니다.

실리콘 원석 → 결정 성장로 → 다결정 실리콘 덩어리로 채워진 석영도가니 → 결정 성장 → 성장된 단결정봉(잉곳) → 결합 시험

한편, 인류 최초로 이 현상을 발견한 러셀 올 박사는 이 두 종류의 실리콘을 p형 실리콘과 n형 실리콘이라고 불렀다.

p형? n형? 그게 뭐죠?

간단히 말하자면 실리콘은 원래 4개의 전자를 가지고 있습니다.

규소(Sillicon)
원자번호: 14
2, 8, 4

그래서 같은 실리콘끼리 결합하면 자유전자가 없어져서 전류가 흐르지 않죠. 이러한 반도체를 순수 반도체라고 합니다.

그런데 이 실리콘에 주기율표에서 15족 인(P), 비소(As), 안티몬(Sb)에 속하는 원소를 넣으면,

실리콘

인은 전자를 5개 가지고 있기 때문에 전자가 4개인 실리콘과 결합하고 나면 하나의 전자가 남습니다.

이 때문에 실리콘은 음(-) 전하를 띠는데, 이걸 영어로 negative라고 하고 줄여서 n형 반도체라 합니다.

음(-) 전하 ➡ negative ➡ n형 반도체

반면 p형은, 실리콘에 전자가 3개인 13족 원소 알루미늄(Al), 붕소(B), 인듐(In)을 첨가하면

실리콘

n형과 다르게 전자 한 개가 모자란 상태가 되면서 빈 곳이 생기죠. 이와 같이 빈 곳을 정공(hole, 正孔)이라 합니다.

그런데 이 정공으로 인해 이웃한 전자들이 자꾸 빈 공간을 메우기 위해 이동하면서 전류가 흐릅니다.

그러면 이때 정공은 음(-) 전하를 띤 전자가 하나 모자란 상태가 되므로 양(+) 전하를 띠는데

이걸 영어로 positive라고 합니다. 줄여서 p형 반도체라고 하죠.

양(+) 전하 ➡ positive ➡ p형 반도체

결국 실리콘처럼 순수한 반도체에 어떤 불순물을 첨가하느냐에 따라 n형 반도체 또는 p형 반도체가 만들어진다고 할 수 있죠. 간단하죠?

머리가…

쇼클리와 연구진들은 이러한 연구 결과를 참고 삼아 구리산화물 대신 실리콘과 게르마늄이라는 반도체 물질로 실험을 하기로 했다.

좋아! 구리산화물 대신 앞으로는 실리콘과 게르마늄을 이용하는 거야!

이후 연구팀은 쇼클리가 세운 이론 아래, 바딘과 브래튼이 실질적인 연구를 이어나갔다.

반면 쇼클리는 독자적인 연구를 하기 위해 이들을 떠났다.

그럼 난 다른 볼일이 있어서 이만.

그러던 중 브래튼이 반도체 물질의 표면 연구에 관심을 갖기 시작했다.

실리콘이나 게르마늄으로 만든 작은 판에 열을 가하거나 다양한 유형의 회로를 연결하면 표면에 무슨 일이 일어날까?

그렇게 궁금하면 한번 해봐.

그럴까?

그러나 고체 표면에서 일어나는 일들은 워낙
눈 깜짝할 사이에 벌어지는 일이었다.

전자현미경으로도 전혀 관찰할 수 없었다.

방금 무슨 일
있었어?

잘 모르겠어.

결국 고체물리 연구팀은 수없는 시행착오에도
불구하고 큰 진전을 보지 못했다.

그러던 어느 날 바딘은 브래튼에게 고체 증폭기를 만드는
새로운 방법을 제안했다.

브래튼!
새로운 아이디어가
떠올랐어!

그게 뭔데?

곧장 연구실로 향한 두 사람은 뾰족한 금속 막대기에 전해액을 살짝
묻혀 얇게 만든 실리콘 판 표면에 접촉시킨 후

금속 막대기를 통해 전류를 실리콘으로
흘려보내는 실험을 했다.

결과는 생각보다 희망적이었다.

와!
전기신호가
강해졌어!

조금만
더 하면
되겠어!

이후 두 사람은 반도체 물질(p형, n형 게르마늄 및 실리콘)과
물질의 간격이나 전해질 용액 등에 변화를 줘가며 2주 동안 다양한
경우를 설정하여 실험을 했다.

설정이 달라질
때마다 증폭 효과가
달라지고 있어.

그래, 성공이
멀지 않았어.

1947년 12월 16일. 마침내 전기신호의 뚜렷한 증폭이 관찰되었다.

성공이야! 우리가 해냈어!

바로 인류 최초의 트랜지스터가 탄생하는 순간이었다.

얼마 후 바딘과 브래튼은 시연회를 열어 자신들의 실험을 증명했다.

저희가 만든 발명품을 소개하겠습니다. 장차 진공관을 대체할 획기적인 물건입니다.

이를 본 연구부장 랠프 바운은 바딘과 브래튼이 고안한 장치에 대해 '그동안 세상에 없었던 새로운 물건'이라고 평가했다.

축하하네. 이런 물건은 난생 처음 봤어.

새로운 물건을 발명했다는 소식은 곧바로 머빈 켈리의 귀에 들어갔다.

뭐? 세상에 없던 물건을 만들었다고! 그렇다면 이름부터 지어줘야지!

켈리는 아직 이름이 정해지지 않은 이 물건에 이름 붙이는 일을 진행했다.

작명소라도 가야 하나?

신제품 이름 공모전

이렇게 해서 몇 가지 이름을 공모했고, 켈리는 연구원들을 대상으로 투표를 실시한 끝에

보기 중에서 어울리는 이름을 골라주세요.
1. 반도체 삼극진공관
2. 표면 장벽 삼극진공관
3. 결정 삼극진공관
4. 고체 삼극진공관
5. 아이오테트론
6. 트랜지스터

이 물건은 '트랜지스터'라는 이름을 얻게 되었다.

트랜지스터? 귀에 쏙 들어오네~

좋은 이름이야.

두 사람, 축하해.

그러나 트랜지스터의 발명을 모두가
기뻐한 것만은 아니었다.

쇼클리는 팀의 성공은 기뻤지만 동시에
자신이 발명자 중 한 사람이 아니라는
사실에 아쉬움을 느꼈다.

기본 원리는
내가 제공한
아이디어인데….
나만 쏙 빼고….

이대로 가만히
있을 순 없어!

경쟁심이 지나치게 심했던 쇼클리는 벨연구소에서 묵시적으로
이어져오던 '자유로운 아이디어 교환'이라는 원칙을 어기고

보는 사람
없겠지?

바딘과 브래튼의 연구를 기반으로 독단적인 연구를 했다.

몰래 연구를
진행해야지.

바딘과 브래튼이 만든 트랜지스터와는 외양과
기능이 다른 트랜지스터의 설계도를 완성했다.

성공이야!

바딘과 브래튼이
만든 것과는 전혀
다른 트랜지스터를
만들었어!

잠깐! 도대체
두 트랜지스터가
뭐가 다르다는
거죠?

바딘과 브래튼의 트랜지스터는
점접촉형 트랜지스터이고 내가 만든 건
접합형 트랜지스터입니다.

나는 반도체 물질 조각에 두 금속점을 찔러 넣는 대신에
n형 게르마늄 사이에 현미경으로 봐야 보일 크기의 p형 게르마늄을
끼워 넣어 고체 블록을 만들도록 설계했지요.

따라서 접합형 트랜지스터가 좀 더 안정적이라고 할 수 있습니다.

아, 네~~

바딘과 브래튼은 쇼클리의 이러한 행동에 크게 분노했다.

뭐? 쇼클리가 우리 몰래 다른 트랜지스터를 만들었다고?

우리와 상의도 없이 너무하는군!

당장 사과해요!

안 들려

결국 존 바딘은 연구소를 떠나고 말았다.

흥! 당신 같은 사람과는 일 못해.

하지만 고체물리 연구팀의 분열과는 상관없이 트랜지스터의 등장은 전자업계와 과학계의 비상한 관심을 한몸에 받았다.

진공관을 대체할 새로운 발명품, 트랜지스터를 소개합니다.

트랜지스터는 수도꼭지처럼 전기를 껐다 켰다 할 수 있고, 열 증폭 효과를 발생시켜 전기를 세차게 흘려보낼 수도 있습니다.

와~아

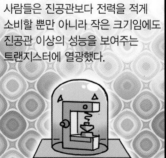

사람들은 진공관보다 전력을 적게 소비할 뿐만 아니라 작은 크기임에도 진공관 이상의 성능을 보여주는 트랜지스터에 열광했다.

굉장해! 트랜지스터 쪽이 전력을 훨씬 적게 먹어.

게다가 크기도 진공관보다 작아.

특히 모토로라, 웨스팅하우스, RCA를 비롯한 수많은 라디오 및 텔레비전 제조업체들은 앞다투어 트랜지스터 샘플을 얻고자 했다.

흠~ 진공관 대신 트랜지스터를 사용하면 훨씬 좋은 제품을 만들 수 있겠어.

모토로라

RCA

웨스팅하우스

잘 부탁드립니다. 저희 회사에 샘플이 필요해서 그러는데 몇 개만….

돈이라면 얼마든지 드릴 테니 제발 샘플 좀….

각 대학 역시 연구를 위한 목적으로 트랜지스터 샘플을 가지고 싶어 했다.

줄을 서시오!

그 가운데서도 MIT의 전자공학부 부장이었던 제이 포레스터는 트랜지스터가 장차 컴퓨터 회로에 중요하게 쓰인다고 예견했다.

트랜지스터는 진공관을 대신해서 컴퓨터에 다양하게 쓰일 거야.

트랜지스터가 발명될 당시의 컴퓨터

트랜지스터가 발명될 무렵의 컴퓨터는 논리회로에 진공관을 사용하고 있었습니다. 그런데 이 진공관은 어마어마한 에너지를 소비할 뿐만 아니라 잘 깨지는 속성 탓에 문제가 많았습니다. 그래서 진공관에 비해 전력 소비가 적고 잘 깨지지 않는 트랜지스터의 발명은 컴퓨터 발전에 엄청나게 기여할 것으로 기대되었습니다.

최초의 컴퓨터인 애니악(1946년)

머빈 켈리는 통신업계 임원들을 대상으로 한 강연에서 다음과 같은 이야기를 남겼다.

전자통신 분야의 새로운 시대가 열리고 있습니다.

트랜지스터가 향후 가져다줄 영향은 예측조차 할 수 없습니다.

아마 20년 내에 트랜지스터는 진공관보다 훨씬 극적인 방식으로 전자업계와 우리의 삶을 완전히 바꿔놓을 것입니다.

그의 예언은 오래지 않아 현실이 되었다.

진공관의 시대가 가고 트랜지스터의 시대가 열린 것이다.

3장. 2차 세계대전과 레이더의 개발

1939년 9월, 2차 세계대전이 일어났다.

벨연구소는 미군과 연합군을 도울 방법을 찾기 위해 애를 썼다.

총을 들고 전쟁터에서 싸우는 것만이 애국은 아니야.

과학자로서 기여할 방법이 뭐가 있을까?

평소 정치인들과 친분이 두터웠던 프랭크 주잇은 알고 지내던 정치인으로부터 연락을 받았다.

따르릉

핵반응에 대한 최신 논문의 내용을 검토해 우라늄으로 무기를 만들 수 있는지 알아봐주게.

알겠습니다.

정부의 의뢰를 받은 프랭크 주잇은 곧바로 머빈 켈리와 이 문제에 대해 상의했다.

흠…. 우라늄을 이용한 무기라….

켈리는 이 문제를 다시 물리학에 조예가 깊은 쇼클리와
피스크에게 말해, 관련 보고서 작성을 부탁했다.

정부에서 우라늄
무기에 대한 가능성을
조사해달라는군.

네, 보고서를
작성하도록
하겠습니다.

연구에 들어간 쇼클리와 피스크는

천연 상태의 우라늄으로는 파괴적인 무기를 만들 수 없다는
결론을 얻었다.

우라늄은 철이나
석탄처럼 땅에 묻혀 있는
광물로서 지구 곳곳에 조금씩
섞여 있는 안전한 물질입니다.

이걸로는
무기를 만들 수
없습니다.

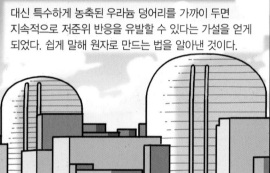

대신 특수하게 농축된 우라늄 덩어리를 가까이 두면
지속적으로 저준위 반응을 유발할 수 있다는 가설을 얻게
되었다. 쉽게 말해 원자로 만드는 법을 알아낸 것이다.

천연 우라늄과 농축 우라늄의 차이

천연 우라늄에는 약간씩 성질이 다른 동위원소 우라늄234, 우라늄235, 우라늄238 세 가지가 섞여 있습니다. 이 가운데
우라늄238이 99.2%로 대부분이고, 나머지 우라늄235는 0.7%, 우라늄234는 0.005%에 불과합니다.
이 가운데서도 우라늄235만이 핵분열을 일으키는 성질로 인해 폭발적인 에너지를 낼 수 있습니다. 그러므로 천연 우라늄을
원자력발전이나 핵무기로 활용하기 위해서는 인위적인 방법으로 우라늄의 비율을 바꾸는 과정이 필요합니다. 그래서 천연
우라늄에서 우라늄235만을 추출하여 그 농도를 높이는데, 이렇게 만든 것을 농축 우라늄이라고 합니다.
농축 정도에 따라 우라늄235의 비율이 3~4%로 늘어나는 경우를 저농축 우라늄, 우라늄235의 비율이 95% 이상인
경우를 고농축 우라늄이라고 합니다. 저농축 우라늄은 원자력발전에 사용되고 고농축 우라늄은 원자 핵폭탄을 만드는 데
사용됩니다.

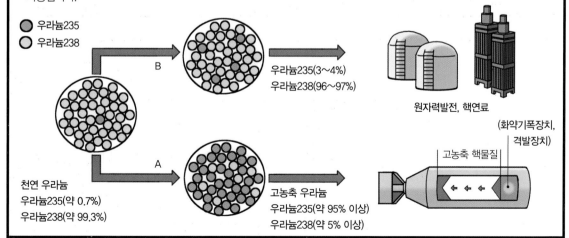

이후 미국 정부는 전쟁에 필요한 장비 개발을 위해 본격적으로 엄청난 자금을 벨연구소에 쏟아붓기 시작했다.

돈 걱정은 마!

그 결과 벨연구소는 몇 년 동안에 걸쳐 군을 위한 전차용 무전기부터

산소마스크를 쓴 조종사를 위한 통신 시스템,

비밀통신을 암호화하는 기계에 이르기까지 거의 1,000건에 달하는 프로젝트를 진행했다.

전쟁은 벨연구소가 기존에 갖고 있던 속도와 규칙을 모두 뒤바꿔놓았다.

빨리! 빨리!

켈리는 1943년 공학 잡지에 기고한 글에서 다음과 같이 썼다.

일부 기술 분야에서 평상시였다면 10~20년이 걸릴 일을 우리는 4년 만에 이뤘습니다.

대표적인 예는 전화 필터에 사용되는 석영의 개발이었다.

나는 석영, 수정이라고도 불리지.

1930년대 후반 남아메리카에서 들여오던 석영의 양이 눈에 띄게 줄었다.

큰일이네. 석영은 전화 필터를 만드는 데 꼭 필요한 재료인데.

※전화 필터: 케이블의 양 끝에서 신호를 뒤섞고 푸는 역할을 한다.

물량이 부족해지자 전 세계는 석영을 놓고 경쟁했다.

내가 먼저야!

전쟁으로 벨연구소의 상황은 더욱 악화되었다.

제품 완성을 서둘러주세요!

이래서는 정해진 예산과 기간 안에 전화 필터를 만들 수 없어.

켈리는 인공적으로 석영을 만들기로 결정했다.

그래! 까짓것 우리가 한번 만들어보는 거야!

나를 만든다고?

켈리와 연구진은 100번에 가까운 실험 끝에

이제 그만 포기해.

화학물질이 담긴 수조에 작은 '씨앗'을 넣으면, 커다란 얼음사탕처럼 생긴 15cm 길이의 인공 결정을 길러낼 수 있다는 것을 발견해 석영 공급 문제를 해결했다.

성공이다!

헉! 이럴 수가!

하지만 뭐니뭐니 해도 벨연구소가 2차 세계대전에서 가장 큰 기여를 한 분야는 다름 아닌 레이더라는 신기술을 응용한 제품 개발이었다.

당시 미국 정부는 레이더 개발에 어마어마한 노력을 기울이고 있었다.

레이더 개발 프로젝트
30억 달러

맨해튼 프로젝트
20억 달러

레이더 개발이 얼마나 중요했냐면, 원자폭탄을 개발한 맨해튼 프로젝트보다 더 많은 돈이 투자됐지.

본격적인 레이더 개발은 1940년에 머빈 켈리가 쇼클리에게 은밀히 기밀 프로젝트를 맡기면서부터 시작됐다.

지금부터 내가 하는 얘기는 비밀인데….

비밀이요?

레이더는 고주파 전파의 반사를 이용해 공간 속에서 보이지 않는 물체의 존재와 위치를 파악하는 강력한 전자 '눈'이라고 할 수 있지.

따라서 레이더 전파가 안테나에서 출발해 다시 안테나로 돌아오는 시간을 측정하면, 거리(d)는 속도(v)에 시간(t)을 곱한 값이라는 지식에 근거해 보이지 않는 물체까지의 거리를 알 수 있네.

와우~!

사실 레이더는 이미 1930년대 해군 연구소에 근무하던 과학자들이 비행기에 발신기로 전파를 쏘면 전파의 일부가 반사돼 되돌아온다는 사실을 발견해 원시적인 방법으로 사용하고 있었다.

적의 비행기가 근처에 있을지도 모르니 전파를 쏘아보자!

레이더의 작동 원리

레이더의 근본적인 작동 원리는 레이더 장치에서 쏜 고주파 전파들이 목표물에 부딪쳐서 반사하는 것을 이용하는 방식입니다.
즉 발사된 고주파가 반사되어 되돌아오는 것을 포착함으로써 목표물과의 거리를 알아내는 것이 레이더의 작동 원리라고 할 수 있습니다.

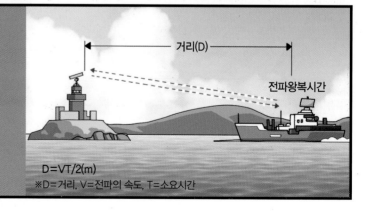

거리(D)

전파왕복시간

D=VT/2(m)
※D=거리, V=전파의 속도, T=소요시간

하지만 문제는 출력이 너무 약하다는 점이었다.

전파가 너무 약해서 극히 일부만 목표물에 부딪치고, 그중에서도 극히 일부만 수신기로 돌아와.

해결책은 강한 레이더 빔을 만들어내는 것뿐이었다.

레이더 빔이 수신기까지 되돌아 오려면 더 강력해 져야만 해.

이에 따라 해군은 이 기술을 전쟁에 사용할 수 있도록 개량해줄 것을 벨연구소에 요청했다.

부탁해요.

오케이.

벨연구소 연구원들은 이 문제를 해결하기 위해 노력했다.

하지만 쉽게 해결하지 못했다.

해결책이 안 보여.

그러던 중 영국 과학자들로부터 문제를 해결할 단서가 나타났다.

이것 좀 봐! 영국에서 재미있는 실험 결과가 나왔어!

그게 뭔데?

그것은 바로 캐비티 마그네트론이라는 장치였다.

캐비티 마그네트론(Cavity Magnetron)

버밍엄 대학의 물리학자 두 명이 발명한 금속 장치로, 2극 진공관과 유사한 형태를 지니고 있습니다. 다만 유리구를 통해 부품이 보이는 일반 진공관과 달리, 불투명한 구리로 덮여 있어 내부가 보이지 않으며, 음극의 열선에서 열전자가 방출되어 아주 강한 극초단파 전자기파를 만들어내는 장치입니다. 현재 3극 진공관은 트랜지스터로, 2극 진공관은 다이오드로 대체되었지만 고출력 극초단파를 만들어내는 반도체 기술은 마땅치가 않아 여전히 마그네트론이 사용되며, 주로 레이더나 전자레인지 등에 활용됩니다.

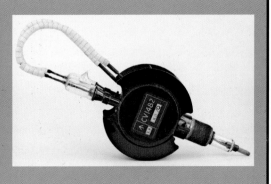

머빈 켈리는 즉시 영국에 협조를 요청했고

당장 영국에 연락해서 마그네트론을 보내달라고 요청하게!

캐비티 마그네트론을 전달받은 머빈 켈리는 바로 시연에 착수했다.

과연 마그네트론을 이용하면 레이더 빔이 더 강해질 수 있을까?

결과는 대만족이었다.

우리가 찾던 게 바로 이거야!

이후 머빈 켈리는 우라늄 프로젝트로 신임을 얻은 피스크에게 레이더 프로젝트의 담당을 맡겨 제품 개발에 나섰다.

당장 제품 개발을 시작하게!

넵!

그러나 발명품과 실전에 배치하기 위해 대량으로 생산해야 하는 제품 사이에는 차이가 많았다.

영국에서 보내온 마그네트론은 실험을 위해서 만들어진 거야. 만약 이걸 대량 생산하면 동일한 품질을 얻기 힘들 수 있어.

특히 출력이 약해지면 어쩌지?

그래! 출력을 강하게 하기 위해서 마그네트론을 더 크게 만들어보는 거야!

그러나 피스크는 얼마 지나지 않아 마그네트론의 크기를 바꾼다고 해서 출력과 파장이 세지는 것이 아니라는 사실을 발견했다.

실패야. 잘못 생각했어.

콩!

결국 선박용, 비행기용 캐비티 마그네트론을 비롯해 여러 가지 마그네트론을 제작하려면 내부 공동의 크기와 개수, 공동의 모양, 입력 전압 등 마그네트론의 모든 측면을 철저히 연구해야만 했다.

단순히 크게 만들 게 아니라 사용 목적에 따라 모든 걸 다시 연구해야만 해.

그렇게 피스크와 연구원들이 밤을 새며 개발에 몰두한 끝에

마침내 새로운 레이더 기지에 사용될 열다섯 가지의 마그네트론 설계가 탄생했다.

성공이야! 드디어 완성했어!

이 설계는 곧장 웨스턴 일렉트릭사로 전달되었다.

이 설계도를 바탕으로 새로운 레이더를 만들어 주십시오.

맡겨만 주십시오!

실전에 배치된 레이더 장비는 큰 성공을 거두었다.

적기 발견!!

앗! 들켰다!

자네들이 만들어준 레이더 덕분에 적의 전투기들을 손쉽게 막아냈네. 고마워.

별 말씀을.

후후~ 원자폭탄이 전쟁을 끝냈다면, 레이더는 전쟁 승리를 이끌었지.

한편 비슷한 시기, 한때 레이더 작업에 관여하던 쇼클리는 1942년 친구였던 필립 모스에게 제안을 받고

나랑 같이 일해보지 않을래?

어떤 일인데?

벨연구소를 휴직한 후 '대잠수함 작전 연구 단체'의 책임자가 되었다.

이제 뭘 해야 하는 거지?

연구원장 쇼클리

간단해. 미국 상선과 군함을 괴롭히는 독일군 잠수함을 찾아줘.

그거야 어려울 거 없지. 확률을 이용하면 돼.

확률?

복잡한 확률 문제 계산을 통해 당시 대서양에서 연합군을 괴롭히던 독일의 유보트 잠수함을 탐지하고 파괴하는 방법을 고안해

확률적으로 이 근처에 독일군 잠수함이 있을 가능성이 높아.

적의 잠수함 침몰 숫자를 5배나 증가시키는 쾌거를 올렸다.

으아악! 우리가 여기 숨은 걸 어떻게 알았지?

쾅

쾅

쾅

전쟁이 서서히 막바지로 다가갈 무렵

이제 남은 건 일본뿐이군.

머빈 켈리는 전쟁이 끝난 후 벨연구소가 나아가야 할 방향에 대해 고민하고 있었다.

……

전쟁이 끝나고 나면 전쟁 중에 만들어진 다양한 발명품들이 분명히 실생활에 이용될 거야.

특히 켈리는 레이더로 인해 전파 및 마이크로파 기기 사업에 엄청난 기회의 문이 열릴 것으로 내다봤으며

이 기술을 응용해서 뭘 만들 수 있을까?

통신 사업이 제품 면에서나 속성 면에서 라디오나 TV 산업 못지않게 성장할 가능성이 크다고 예측했다.

그리고 그의 예측은 하나둘 현실이 되었다.

이 모든 게 레이더의 영향을 받아서 만들어진 제품들이라니!

4장. 디지털 세상의 문을 연 클로드 섀넌

클로드 섀넌은 미시간 대학과 MIT에서 수학과 전기공학을 전공했다.

섀넌은 대학 시절부터 뛰어난 재능을 발휘했다.

저 친구가 섀넌인가? 그렇게 공부를 잘한다며.

그렇다네. 도저히 대학생 실력이 아니야.

그는 대학 시절 초기, 아날로그 컴퓨터라고 할 수 있는 미분해석기에 빠졌다.

섀넌! 밥은 먹고 해!

특히 미분해석기에 들어 있는 제어회로 내의 전자 릴레이에 큰 흥미를 가졌다.

전자 릴레이? 그게 뭐지?

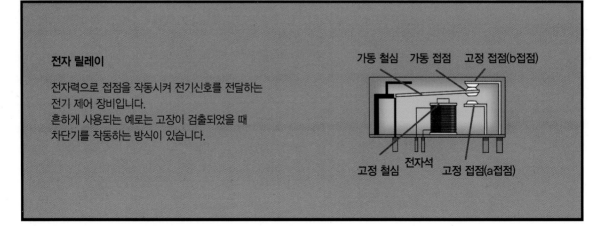

전자 릴레이

전자력으로 접점을 작동시켜 전기신호를 전달하는 전기 제어 장비입니다.
흔하게 사용되는 예로는 고장이 검출되었을 때 차단기를 작동하는 방식이 있습니다.

가동 철심   가동 접점   고정 접점(b접점)

고정 철심   전자석   고정 접점(a접점)

전자 릴레이는 전류가 걸리거나 끊어지면 열리거나 닫히는 자석 스위치들이야.

이 릴레이 개폐는 어떤 문제에 '예/아니오'로 대답하는 것과 같아. 스위치가 열리면 AND를, 닫히면 OR을 의미하지!

이를 통해서 복잡한 문제의 답을 구하거나 어려운 지시들을 수행할 수 있어.

나만 못 알아듣는 건가?

나도 잘 모르겠어.

1937년 섀넌은 MIT 케임브리지 캠퍼스를 떠나 몇 달간 벨연구소에서 일했다.

여기라면 내가 궁금해하던 전기신호에 대해 연구하기 좋겠어.

당시 벨연구소는 전 세계를 통틀어 전기신호를 연구하기 가장 좋은 곳이었다.

섀넌은 그곳에서 연구에 대한 영감을 얻었다.

이 느낌은!

지금까지 누구도 쓰지 않은 논문을 써야지.

섀넌은 컴퓨터 회로를 잘 설계하면 힘들이지 않고도 효율적으로 수학 문제를 해결할 수 있다는 것을 증명하는 논문을 썼다.

컴퓨터를 이용해서 이 어려운 수학 문제를 해결할 수 있다고?

네! 가능합니다.

고작 25페이지에 불과한 이 석사논문은 그 어떤 논문보다 큰 파급력을 미쳤다.

와아~!

섀넌의 논문은 당시 막 개발된 초기 컴퓨터 모델들뿐
아니라 적어도 한 세대 후에 만들어질 컴퓨터의 설계에까지
영향을 끼쳤다.

컴퓨터를 설계하려면
먼저 섀넌의 논문부터
읽어야 해.

그는 1939년 공학부문에 주어지는 상을 수상하기도 했다.

자네 논문은
정말 대단해! 컴퓨터에 대한
새로운 길을 제시했네!

이러한 명성을 바탕으로 섀넌은 어렵지 않게
벨연구소에서 근무할 수 있었다.

벨연구소
수학부에서 일해
보지 않겠나?

감사합니다!

그런데 마침 이 시기는 2차 세계대전이 임박한 때라 벨연구소의
수학자들 역시 전투용 통신 기술 등의 연구에 많은 시간을
할애해야만 했다.

수학을 전쟁에 활용할
방법이 뭐가 있을까?
수학자가 이런 고민까지
해야 하다니 힘들군.

하지만 섀넌은 그것을 귀찮게 여기지는
않았다.

전쟁터에 나가
싸우는 것보다 연구를
통해 훨씬 더 크게
기여할 수 있을 거야.

오히려 그는 벨연구소 입사와
동시에 '총기 발사 제어'라는
문제를 푸는 데 골몰했다.

오, '총기 발사
제어'라고?
흥미로운데?

섀넌, 총기 발사
제어가 뭐야?

위치나 속도 등의 정보를 바탕으로 컴퓨터가
로켓이나 비행기가 어디로 이동할지 즉각 계산할
수 있는 수학적 공식을 만드는 거야.

로켓이 오는
곳을 계산
중입니다.

그럼 그 공식을 이용해서 폭탄이나 총알로
적을 격추할 수 있어.

정말? 그게
가능하다고?

섀넌은 적극적으로 이 연구에 몰두하여 총기 발사 제어와 관련한 핵심적인 아이디어들을 만들었다.

이런 건 어때요?

오, 좋은 생각이야! 당장 시도해보게!

덕분에 1944년, 히틀러의 V-1로켓이 영국으로 날아왔을 때 큰 피해를 막을 수 있었다.

나는야 V-1로켓!

슈웅

※V-1로켓
2차 세계대전 당시, 독일이 영국 본토를 공격하기 위해 개발한 보복 무기 중 하나로, 소형비행기의 등후부에 통 모양의 펄스제트엔진을 장착하여 폭탄을 싣고 정해진 목표를 향해 비행하는 무인비행 폭탄.

히익, 독일군이 로켓을 발사했다!

로켓이 어디로 날아오는 거지?

로켓을 격추하려면 언제 어디로 포를 쏴야 하는지 모르겠어.

우리 연구가 빛을 발할 순간이군.

당신은?

섀넌과 벨연구소 수학팀은 총기 발사 제어 시스템을 이용해 히틀러의 V-1로켓을 막음으로써 그 효과를 입증했다.

이렇게 하면 로켓이 언제, 어디로 날아오는지 예측할 수 있어요.

정말?

콰앙

성공이야!

이후 이 시스템은 전쟁의 양상을 완전히 뒤바꾸어 놓았다.

고맙네. 자네 덕분에 미사일을 막을 수 있었어.

어릴 적부터 암호를 만들고 푸는 걸 좋아했던 섀넌은 암호 해독 분야에서도 큰 두각을 나타냈다.

독일군의 암호문을 입수했습니다.

그거 다행이군!

그런데 무슨 뜻인지 알 수가 없습니다.

암호문을 해석할 수 있는 사람이 없을까?

혹시 섀넌이라면 알지 않을까? 그는 천재적인 수학자잖아.

섀넌, 미안하지만 암호 해독 좀 부탁해요.

암호 해독이요?

섀넌은 암호 해독에 탁월한 재능을 발휘했고 암호학 연구에 크게 기여했다.

뭐야? 너무 쉽잖아.

이게 웬 떡이야! 암호 연구로 돈을 벌다니. 취미생활도 즐기고 돈도 벌고. 일석이조네.

섀넌은 비밀 통신에 대한 자신의 연구를 정리한 『암호학에 대한 수학적 이론』이라는 저서를 완성하기도 했다.

자, 앞으로는 이 책을 보면서 암호를 해독하세요.

허걱, 이럴 수가!!

암호학에 대한 수학적 이론

특히 그는, 영어 문장은 불필요한 중복으로 가득 차 있으므로 암호의 뜻을 충분히 예측할 수 있다고 주장했다.

영어 암호문 해독이 제일 쉬웠어요.

그 예로 섀넌은 메시지 발송자가 메시지에서 모음을 제거해도 충분히 정보를 전달할 수 있다는 것을 직접 보여주곤 했다.

FCTSSTRNGR THNFCTN

➡ FACT IS STRANGER THAN FICTION (현실은 소설보다 더 소설 같다)

모음을 제거했다는 것만 알면 뜻을 예측할 수 있어요.

한편 1940년대 중반 미국과 영국 간의 비밀 통신 채널을 구축하는 일에 참여하고 있던 벨연구소는

메시지의 효율적인 전송 방안에 대해 연구 중이었다.

어떡하면 메시지를 잘 전달할 수 있을까?

섀넌 역시 이 문제에 큰 관심을 갖고 있었다.

메시지는 한곳에서 다른 곳으로 어떻게 움직이는 걸까? 그리고 미래에는 또 어떤 식으로 움직일까?

섀넌은 연구에 연구를 거듭하여 1947년 정보이론의 근간을 이루는 중요한 논문을 발표했다.

드디어 완성이다!

이 논문의 목적은 엔지니어들에게 수학적 지침을 제공하는 것이었다.

수학을 공부하는 엔지니어들에겐 필수야.

그러나 섀넌의 논문은 그보다 훨씬 더 높은 수준으로, 새로운 세상으로 가는 길을 열었다.

오옷!

섀넌은 정보도 물질 덩어리나 에너지처럼 물리적 질량을 갖는 존재로 다룰 수 있다고 주장했다.

공학에서 메시지의 내용은 중요하지 않습니다. 다만 메시지를 얼마나 빠르고 정확하게 전달하느냐가 통신의 근본적 문제입니다.

이때 실제로 전달하는 것은 메시지의 의미 그 자체가 아니라 메시지 내의 정보를 적절하게 표현한 신호입니다.

신호요?

다시 말해 통신을 통해 알파벳 'A'를 전달할 때 공학적으로 필요한 건 'A'를 어떤 식으로 표현하느냐입니다.

A를 어떻게 나타내지?

전화 계전기

좋아. A는 전기가 두 번 통하는 걸로 표현해야지.

깜박 깜박

이것을 수학적으로 나타내면 간단히 0과 1로 나타낼 수 있습니다.

1   0

전기가 통할 때를 1, 전기가 통하지 않을 때를 0

섀넌은 어떤 메시지의 정보 함유량과 메시지 내 정보 비율을 측정하는 데 단위를 사용하면 매우 도움이 될 것이라고 보았고, 이 단위를 비트라고 불렀다.

앞으로 정보의 단위를 비트라고 합시다.

오~ 비트. 좋은걸.

비트

오늘날 디지털 분야에서 가장 기본적인 단위로 사용하는 '비트'는 섀넌의 벨연구소 동료인 존 터키가 0과 1의 2진 숫자를 '비트'라고 줄여 부르는 것을 들은 섀넌이 정보 비율 측정 단위로 제안했습니다.
1948년 학술지에서 처음 사용된 비트는 정보 이론의 단위로, 하나의 비트는 0이나 1의 값을 가질 수 있고 각각 참, 거짓 혹은 서로 배타적인 상태를 나타냅니다. 이진법을 이용하는 비트 단위로 소리, 이미지 등의 정보를 전달할 수 있는 정보전달법은 그 후에 컴퓨터 발전에 큰 영향을 주었습니다. 그래서 사람들은 섀넌을 디지털의 아버지라고 부르기도 합니다.

그의 주장이 갖는 의미는 세 가지로 정리할 수 있다.

내 정보이론이 말하고자 하는 내용은 크게 세 가지입니다.

첫째, 모든 의사소통은 정보의 측면에서 바라볼 수 있다.

정보

둘째, 모든 정보의 단위는 비트이다.

10진수	2진수	10진수	2진수
0	0000	8	1000
1	0001	9	1001
2	0010	10	1010
3	0011	11	1011
4	0100	12	1100
5	0101	13	1101
6	0110	14	1110
7	0111	15	1111

셋째, 측정 가능한 비트로 구성된 정보는 디지털적 방식으로 바라볼 수 있다.

섀넌의 이러한 주장은 이후 많은 과학자들에게 큰 영향을 끼치는 동시에 철학적 논의를 불러일으켰다.

모든 정보를 디지털화할 수 있다니, 그게 무슨 말입니까?

그의 말대로라면 정보를 수량적으로 다루어 통신을 보다 효율적으로 만들 수 있습니다.

그러면 정보 전달 과정에서 생기는 여러 가지 문제를 쉽게 해결할 수 있습니다.

그리고 그의 말이 옳다는 것은 얼마 지나지 않아 증명됐다.

섀넌의 이론 덕분에 메시지 전송이 더 완벽해졌어.

그는 어떤 디지털 메시지도 에러 수정용 코드만 담고 있다면 전선에 아무리 잡음이 많아도 거의 완벽에 가깝게 전송될 수 있다는 것을 보여줬다.

섀넌이 디지털 회로이론과 정보이론의 창시자로 명성을 얻자 많은 사람들이 그를 주목하기 시작했다.

오~ 저 사람이 섀넌이군.

어쩐지 천재처럼 생긴 거 같아.

놀랍게도 섀넌이 다음으로 관심을 가진 것은 체스 게임이었다.

평소 체스를 좋아했던 섀넌은 체스를 통해 컴퓨터가 가진 잠재력을 알아내고 싶어 했다.

당시 섀넌이 생각한 것은 오늘날 컴퓨터 과학자들이 사용하는 알고리즘과 같은 것이었다.

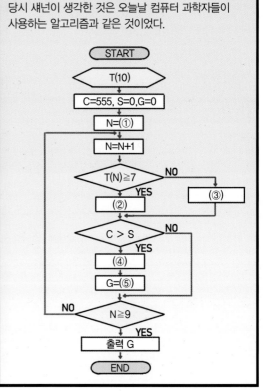

섀넌은 1950년대에 이미 컴퓨터 알고리즘을 창시했던 것이다.

1997년 체스 인간 챔피언을 이긴 체스 전용 컴퓨터 딥블루가 사용한 알고리즘도 내 이론에 기반을 두고 있지. 후후.

알고리즘(algorithm)

알고리즘은 문제를 논리적으로 해결하기 위한 명령들을 모아놓은 일련의 순서화된 절차를 의미합니다. 넓게는 사람들이 어떤 문제를 해결하기 위한 사고 순서부터 컴퓨터가 문제를 해결하기 위한 진행 절차까지 모든 것을 포함합니다.

당시에는 컴퓨터를 운용하는 데 많은 비용이 들었기 때문에

컴퓨터 한 번 사용하는 데 돈이 이렇게 많이 들어서야, 원~

많은 사람들은 섀넌의 이러한 행동을 이해하지 못했다.

저 비싼 컴퓨터로 맨날 쓸데없는 체스 게임이나 하다니.

하지만 돈 낭비라는 비난에도 불구하고 섀넌은 체스 기계에 대한 생각을 멈추지 않았다.

만약 체스를 둘 수 있는 컴퓨터가 있다면 전화 연결 루트 설계나 번역도 어렵지 않게 할 수 있을 거야.

또 언젠가는 기계들이 자동화되어 모든 영역에서 인간을 대신할 수도 있어.

그렇게 깊은 뜻이!!

이 밖에도 섀넌은

뚝 뚝딱

뚝 뚝딱

이번엔 또 뭘 하려는 거지?

어린이 조립식 장난감을 이용해 쥐가 미로를 빠져나오는 기계장치도 만들었다.

아악, 쥐다!

뭐야, 장난감 쥐잖아!

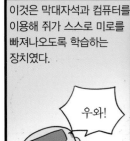

이것은 막대자석과 컴퓨터를 이용해 쥐가 스스로 미로를 빠져나오도록 학습하는 장치였다.

우와!

이건 단순한 장난감이 아니야. 컴퓨터를 이용해 쥐가 스스로 미로를 빠져나오도록 하는 거야.

섀넌이 만든 미로 장치는 과학자들 사이에서 인기가 많았다.

굉장해!

이건 단순한 장난감이 아니야!

장난감 쥐가 스스로 미로를 빠져나오다니!

그러나 천재적인 두뇌와 업적에도 불구하고 그는 AT&T에 경제적 이익을 당장 가져다주는 연구원은 아니었다.

섀넌의 연구는 다 좋은데 당장 돈이 되지는 않는단 말이야.

섀넌, 이제 돈이 되는 일을 좀 하지 그래?

이렇게 눈치 보면서 지내는 건 나답지 않아.

섀넌은 자유로운 연구를 위해 벨연구소를 떠났다.

그래. 이제 독립할 때가 됐어!

안녕~ 남은 생은 내가 하고 싶은 연구나 실컷 하면서 살래.

그는 MIT의 교수가 되었다.

M I T

섀넌은 언젠가는 특정 분야에서 기계가 인간보다 뛰어난 능력을 발휘할 것이라 생각했다.

인간의 뇌는 위대합니다.

하지만 그럼에도 기계가 계산, 논리적 과업 수행, 수치 저장 등에 있어 인간보다 훨씬 뛰어난 속도와 효율성, 정확도를 보일 거라고 확신합니다.

그리고 인간과 의사소통을 할 수 있는 기계를 만드는 것이 가장 큰 꿈이었다.

내 말을 이해할 수 있겠어?

……

섀넌이 아니었다면 오늘날 우리는 디지털 컴퓨터 세상을 만나지 못했을지도 모른다.

5장. 세계 최초의 대서양 횡단 해저 케이블 가설 프로젝트

1850년대 처음으로 북아메리카와 유럽 간의 통신이 시도되었다.

아일랜드

영국

똑똑...
똑똑똑... 똑
똑......똑

......

통신이 원활하지 않아.

안정적인 통신을 위해서는 역시 바다를 가로지르는 통신 케이블이 필요해.

쏴아아..

쏴아아..

많은 사람들이 대서양 북부 해저에 양 대륙 간 통신 케이블을 설치하는 일에 도전했다.

바닷속에 케이블을 매설해야지.

으악!

하지만 대부분은 실패했다.

으아아- 이게 왜 이래? 가만 있질 않잖아!

휴우~ 간신히 케이블을 설치했네. 그럼 이제 통신을 해볼까.

설치에 성공했다 해도 신호가 약해 먼 거리까지 전송되지 않거나

아까까진 멀쩡했는데, 왜 갑자기 통신이 안 되는 거야?

자연재해 등으로 기계적인 결함이 자주 발생했다.

또 케이블이 끊어진 모양이야.

그러나 전문가들의 끊임없는 시행착오 끝에

문제를 해결하기 위해서는 좀 더 좋은 재료로 케이블을 만들어야겠어.

1866년, 마침내 캐나다와 아일랜드 사이에 전보를 전송하는 데 성공했다.

여긴 캐나다!

와, 성공이다!

이후 수십 년 간 엔지니어들은 여러 방법을 고안해 해저 케이블의 전송 속도 및 전송량을 향상시켰다.

1900년대 초반에는 대륙 간 전보 통신이 수익을 꽤 올렸다.

이거 꽤 짭짤한걸.

그러나 이건 어디까지나 전보에 한해서였을 뿐 사람의 목소리를 전달하는 전화는 상황이 전혀 달랐다.

여보세요? 내 말 안 들려?

쳇, 전신기는 잘 되는데 전화는 왜 이 모양이야?

그럴 수밖에.

?

구리선을 통해 전해지는 전화신호는 전보보다 복잡하고 민감해서 전달이 힘들어.

아~

실제로 전화는 거리가 수백 킬로미터 이상 멀어지면 수신 강도가 약해지는 문제점이 있었다.

내 말 들려?

멀어지니까 잘 안 들려.

이는 과거 프랭크 주잇이 대륙 횡단 전화선을 설치할 때 고민했던 문제와 유사한 상황으로

주잇이 대륙 횡단 전화선을 설치할 때도 멀어질수록 소리가 안 들렸어.

북아메리카와 유럽의 대륙 간 전화선 설치에 있어서도 해결 방법은 동일했다.

그때 그 문제를 해결한 게 중계기와 증폭기였으니 결국 이번에도 해결책은 중계기와 증폭기야!

다만 이번에는 그 장소가 땅 위가 아닌 바닷속이라는 게 문제였다.

그나저나 이 넓은 바다에 어떻게 전화선을 설치하지?

깊은 물속에 설치하려면 케이블이 아주 튼튼해야 해.

켈리의 계산에 따르면 해저 케이블 사업이 수익을 얻기 위해서는

그리고 설치한 후 돈을 벌려면 적어도 일정 기간 동안 아무 탈 없이 전화가 잘 운영돼야 해. 그렇다면….

바닷속에 매설되는 케이블이 적어도 20년 동안은 아무런 문제없이 작동돼야 했다.

최소 20년!!

20YEARS

이처럼 대서양 횡단 통화 케이블 가설이 여러모로 어려움에 부딪히자 벨연구소의 과학자들 사이에서는 오랜 시간 격렬한 토론이 이어졌다.

20년 동안 멀쩡한 케이블이라니? 그건 불가능합니다.

게다가 새로운 중계기랑 증폭기도 필요하잖습니까?

이건 애초에 사업성이 없습니다.

차라리 무선 통신을 이용하는 게 어떻습니까?

맞습니다. 이미 마르코니의 무선 전신기를 사용하고 있으니까요.

하지만 벨연구소의 무선통신 연구팀과 일한 경험이 있는 켈리는 생각이 달랐다.

아니요!! 무선통신은 안 됩니다!

마르코니의 무선통신

무선통신은 눈에 보이지 않는 전파를 이용해 통신하는 방법으로써 이탈리아의 발명가 마르코니(Guglielmo Marconi)에 의해 처음 만들어진 무선 전신기가 무선통신의 시초 격이라고 할 수 있습니다. 마르코니는 19세기 말 식민지 개척과 세계 무역의 발달로 대륙 간 통신이 필요해진 틈을 타 도버해협을 건너 영국과 프랑스 사이의 무선통신에 성공함으로써 무선통신을 보급하는 데 큰 영향을 끼쳤습니다.

이유가 뭐죠?

무선통신은 기후 및 대기 상황에 따라 심각한 장애가 생길 수 있습니다.

실제로 무선통신은 일 년 중 특정한 시기나

이맘때만 되면 항상 먹통이야.

기상 조건이 나쁠 때 통신이 불가능했다.

오늘도 통신은 글렀군.

그렇기 때문에 켈리는 지속성과 안전성을 보장받기 위해서는 해저에 케이블을 매설하는 방법밖에 없다고 생각했다.

역시 방법은 해저 케이블 매설뿐이야.

켈리는 1953년부터 영국 전화 엔지니어들과 함께 본격적으로 대서양에 해저 케이블 구축 계획을 세워나가기 시작했다.

세계 최고 수준의 통신시스템을 위해서 힘을 합쳐봅시다! 파이팅!

다행히 2차 세계대전 이후 벨연구소에서는 비록 짧은 거리였지만 바다에 해양 케이블용 중계기를 설치한 경험이 있었다.

마침 우리 연구소에서 키웨스트와 쿠바의 수도 하바나에 해양 케이블을 설치한 경험이 있으니 그걸 참고하면 되겠어.

※키웨스트: 플로리다주 남서쪽에 있는 섬

당시 작업을 했던 벨 연구팀은 키웨스트와 하바나 사이의 해양 케이블 프로젝트를 진행하면서 진공관이 세 개 들어가는 유연한 중계기를 개발했다.

이 중계기는 약 64km마다 설치가 가능했으며

과거 중계기들과 달리 해저 전선 부설선의 수평식 스풀에도 감을 수 있는 장점이 있었다.

이게 뭐냐?

※스풀: 밧줄이나 케이블 등을 감거나 풀 때 사용하는 기구.

좋아! 이걸로 한 가지 문제는 해결됐어!

중계기 문제가 해결되자 켈리는 그 다음으로 깊은 바닷속에서도 20여 년간 견딜 수 있는 케이블에 관심을 가졌다.

하지만 대륙 간 전화 통화로 돈을 벌려면 바닷속에 매설된 케이블이 튼튼해야 하는데.

거듭된 연구 끝에

까짓것 한번 만들어보는 거야!

최종적으로 길이가 3,621km에 달하고 두께는 3.8cm에 이르는 케이블을 만들어냈다.

이게 전화선이라고?

소장님, 이 정도면 어떤 해류나 온도에도 끄떡없겠는데요.

맞습니다. 이제 설치를 시작하죠.

아니! 이 정도로는 아직 부족해!

20년 뒤까지 버틸 걸 생각하면 조금의 실수도 용납할 수 없네.

그는 중계기나 케이블이 매몰될 때의 충격은 물론이고

우선 충격 테스트!!

수압에 버티는 것까지 꼼꼼히 계산했으며

수압 테스트!!

케이블이 스풀의 도르래에서 풀려나갈 때 손상을 입지 않을 방법에 대해서까지 세심하게 연구했다.

흠~ 도르래를 이용하는데도 문제없군.

원하는 연구 결과를 얻은 켈리는 1955년이 되어서야 대서양에 케이블 매설을 결정했다.

케이블 매설을 위해 출발!

그리고 1년여의 힘겨운 매설 작업 끝에

드디어 완성이다!

영국

미국 동부

마침내 1956년 9월 25일,

지금부터 개통식을 기념해서 AT&T의 회장님과 영국 우정국 국장님의 전화 통화가 있겠습니다.

미국과 영국에서 동시에 케이블 개통식을 여는 데 성공했다.

여보세요. 여기는 미국입니다. 내 목소리 들리나요?

네, 잘 들립니다!

당시 시연에서는 대서양 횡단 케이블로 전해진 음성신호가 52개의 중계기를 거쳐 3,621km 떨어진 곳까지 전송되는 데 불과 0.1초도 걸리지 않았다.

헉! 눈 깜짝할 새에 여기까지!

촤아 0.1초

하지만 그것보다 더 놀라운 것은

이것보다 더 놀라운 일이 있다고? 그게 뭔데?

대서양 횡단 케이블은 켈리의 바람대로 설치 이후 22년 동안 기술적인 문제가 단 한 번도 일어나지 않았다.

헉, 22년씩이나! 어떻게 그런 일이 가능한 거죠?

그건 트랜지스터가 아닌 진공관이 들어간 중계기를 사용한 덕분입니다.

대서양 횡단 해저 케이블에 트랜지스터가 아닌 진공관을 사용한 이유

켈리는 해저 케이블 프로젝트의 가장 큰 목표를 안전성과 내구성으로 잡았습니다. 그런 점에서 당시 개발된 지 얼마 되지 않은 트랜지스터로는 해저에서 얼마나 오래 버틸 수 있을지 그 어떤 데이터도 없는 상태였습니다. 반면 진공관은 당시 이미 16년 이상의 실험 기록들을 축적한 상태였습니다.
이 때문에 켈리는 트랜지스터를 사용한 중계기 대신 기존의 검증된 진공관 중계기를 사용했습니다.

6 장. 인공위성을 이용한
전 지구적 통신망 개발

어린 시절, 글라이더에 관심이 많았던 존 로빈슨 피어스는

캘리포니아 공과대학을 졸업한 후 벨연구소에 입사했다.

다소 엉뚱했던 피어스는 신입 사원 시절부터 연구소 이곳저곳을
돌아다니며 친구들을 사귀는 데 많은 시간을 보냈다.

안녕,
난 피어스라고 해.

아까
인사했는데.

그렇다고 그가 일을 소홀히 여긴 건
아니었다.

할 때는
한다고.

그는 자신만의 아이디어로 전자증배관, 반사형 클라이스트론
이라는 레이더용 장치 등을 개발해 특허를 얻었으며,

나는야
발명왕~

글쓰기를 좋아한 덕분에 연구소 내에서
명문장가로 통했다.

트랜지스터라는
이름을 처음 만든
사람이 바로 나야.

transistor

또한 2차 세계대전 때는 군용 진공관을 연구했는데

당시 그는 진공관 관련 분야의 신개발품에 대한 논문을 읽다가,

이건 전화 시스템에 매우 유용하겠는데!

논문의 작성자인 루디 콤프너를 직접 찾아가기도 했다.

나와 함께 벨연구소에서 연구하는 게 어때요?

이후 피어스는 루디 콤프너가 새로운 형태의 진공관인 진행파관을 발명하는 데 많은 도움을 주었다.

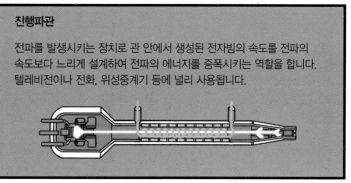

진행파관

전파를 발생시키는 장치로 관 안에서 생성된 전자빔의 속도를 전파의 속도보다 느리게 설계하여 전파의 에너지를 증폭시키는 역할을 합니다. 텔레비전이나 전화, 위성중계기 등에 널리 사용됩니다.

그러나 그의 진짜 놀라운 업적은 따로 있었다.

또 있어?!

그것은 마이크로파를 이용한 위성 통신에 대한 아이디어였다.

위성통신? 그게 뭐지?

위성통신?

우주로 쏘아 올린 인공위성을 이용한 통신 방법입니다.

아~

마이크로파는 뭔가요?

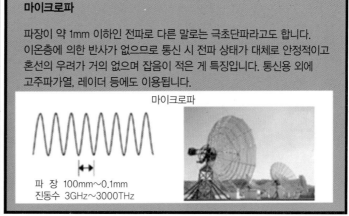

마이크로파

파장이 약 1mm 이하인 전파로 다른 말로는 극초단파라고도 합니다. 이온층에 의한 반사가 없으므로 통신 시 전파 상태가 대체로 안정적이고 혼선의 우려가 거의 없으며 잡음이 적은 게 특징입니다. 통신용 외에 고주파가열, 레이더 등에도 이용됩니다.

마이크로파

파 장 100mm~0.1mm
진동수 3GHz~3000THz

피어스는 1954년 프린스턴 대학에서 열린 통신기술자협회 강연을 시작으로 위성통신에 대한 아이디어를 알리기 시작했다.

위성통신은 무인 우주선이 지구 밖 궤도를 돌면서 라디오나 전화에 사용되는 전파를 한곳에서 다른 곳으로 전달해주는 것입니다.

대체 그게 어떻게 가능하다는 말이죠?

그건 간단합니다.

지구에서 신호를 보내면 우주에 있는 위성이 그 신호를 받아, 마치 거울처럼 지구의 다른 편으로 신호를 다시 보내는 것입니다.

위성통신이 가능해지면 더 이상 대륙 간 통신을 위해 바닷속에 케이블을 설치하는 위험한 짓은 하지 않아도 될 것입니다.

그의 말은 사실이었다. 1954년 벨연구소가 계획한 대서양 횡단 회선은 겨우 36개의 전화 채널을 위해 어마어마한 비용과 기술적 실패의 부담을 떠안아야 했다.

위성은 케이블을 더 깔지 않고도 얼마든지 통신 수요를 충족할 수 있는 방법이었다.

그러나 결정적인 문제점이 있었다.

이 좋은 아이디어에 문제가 있다고?

당시에는 제대로 된 통신위성을 만들 만한 기술력이 없었다.

뭐야? 좋다 말았잖아.

또 그런 장치를 우주로 보낼 수 있는 로켓도 없었다.

쩝~ 아쉽지만 아직은 때가 아닌가 봐.

그러나 운 좋게도 피어스가 위성통신의 필요성을 강조하던 시기에 통신 기술에 혁명적인 새로운 발명품이 등장했다.

뭐? 트랜지스터가 발명됐다고?

오, 바로 이거야! 튼튼하고 전력 소모가 적어서 위성에 사용하기에 적당하겠어.

하지만 위성통신을 개발하는 데 진짜 문제는 위성 자체가 아니야.

지상에서는 신호를 잘 송·수신하고 하늘에서는 위성의 위치를 잘 따라가는 시스템이 필요해.

이걸 사용하는 건 어때?

혼안테나라고 해. 신호의 수신을 집중시켜 주변의 소음과 전파 방해를 크게 줄이는 역할을 하지.

이미 전국의 마이크로파 중계탑에 없어서는 안 될 존재라고.

오오~! 내가 찾던 거였어!

하지만 위성이 오랫동안 움직이려면 고갈되지 않는 전원이 있어야 하는데….

위성을 계속 움직이게 할 에너지원으로는 태양이 딱 좋은데….

그러던 어느 날, 피어스는 실리콘 덩어리에 빛을 쬐면 전하가 발생한다는 사실을 알아냈고

이게 뭐야? 전기가 발생하잖아!

마침 벨연구소에서 조 빈, 파울러, 피어슨 세 명의 과학자가 만든 최초의 실리콘 태양전지를 이용하기로 했다.

굉장해! 이것만 있으면 태양에너지를 마음껏 사용할 수 있을 거야!

사실 태양전지는 기술적으로는 성공작이었으나 경제적으로는 문제가 많은 발명품이었다.

나한테 문제가 있다고?

태양전지는 설치 비용이 비싸고 에너지 효율이 떨어져 우리가 일반적으로 사용하는 전기에 비해 비효율적이었다.

설치비가 너무 비싸.

일반 전기를 쓰는 게 낫겠어요.

하지만 에너지를 공급할 수 있는 다른 방법이 없는 우주에서는 실리콘 태양전지 만한 것이 없었기에 인공위성의 에너지원으로 환영받았다.

얼떨결에 위성의 전원 공급 문제도 해결했어.

그럼 이걸로 필요한 건 다 준비된 건가요?

아니, 아직입니다.

실리콘 태양전지가 완성되었지만 위성통신을 위해서는 아직 해결해야 할 문제들이 많았다.

궤도를 도는 위성의 희미한 신호를 증폭시킬 방법이 필요해.

신호가 약해서 원하는 먼 곳까지 보낼 수가 없어. 위성에서 지구까지는 너무 멀어.

이때 피어스는 과거 자신의 동료였던 찰스 타운스가 '유도방출에 의한 마이크로파 증폭' 장치를 개발했다는 소식을 들었다.

뭐? 찰스가 마이크로파 증폭 장치를 개발했다고? 앗싸 ~~

유도방출에 의한 마이크로파 증폭 장치? 그건 또 뭐죠?

줄여서 메이저라고도 부릅니다.

메이저는

극초단파에 속하는 마이크로파를 증폭하는 장치로 외부에서 날아오는 아주 약한 전파신호도 수신할 수 있죠.

메이저(maser)

메이저는 극초단파의 진폭을 증폭시키는 장치입니다. 메이저의 발명으로 전파천문학과 우주통신의 시대가 열렸다고 할 수 있습니다. 메이저는 우주의 별들이 내는 특이한 전파신호를 포착해서 증폭하여 별의 신비를 푸는 데 기여했고, 분자가 진동할 때 발생하는 미세한 전자기파를 증폭하여 물질의 화학적 성분이나 분자구조를 밝히는 데 결정적인 역할을 했습니다.

이후 몇 년 동안 타운스를 포함한 물리학자들은 마이크로파뿐만 아니라 전자기파의 에너지를 증폭하여 방출할 수 있는 개량형 메이저를 만들기 위해 노력했고,

1957년 마침내 벨연구소 연구팀은 원거리 통신을 가능하게 해주는 메이저를 개발하는 데 성공했다.

우하하, 드디어 성공이야!

메이저는 궤도를 도는 위성의 희미한 신호를 증폭시키기에 알맞은 장치야. 게다가 감도와 충실도도 다른 어떤 장치보다 뛰어나.

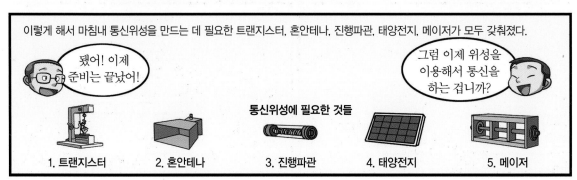

이렇게 해서 마침내 통신위성을 만드는 데 필요한 트랜지스터, 혼안테나, 진행파관, 태양전지, 메이저가 모두 갖춰졌다.

됐어! 이제 준비는 끝났어!

그럼 이제 위성을 이용해서 통신을 하는 겁니까?

통신위성에 필요한 것들

1. 트랜지스터   2. 혼안테나   3. 진행파관   4. 태양전지   5. 메이저

그런데 통신위성을 어떻게 우주까지 보내지?

크~으

하지만 안타깝게도 당시에는 그 어떤 항공 기술자도 우주로 보낼 로켓을 만들어본 적이 없었다.

미안하지만 우리도 아직 기술이….

그러던 중 1957년 10월. 옛 소련이 스푸트니크 위성 발사에 성공했다.

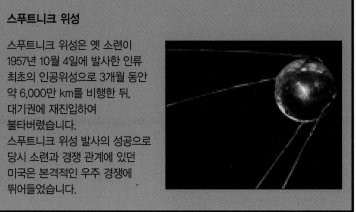

스푸트니크 위성

스푸트니크 위성은 옛 소련이 1957년 10월 4일에 발사한 인류 최초의 인공위성으로 3개월 동안 약 6,000만 km를 비행한 뒤, 대기권에 재진입하여 불타버렸습니다.
스푸트니크 위성 발사의 성공으로 당시 소련과 경쟁 관계에 있던 미국은 본격적인 우주 경쟁에 뛰어들었습니다.

이 일로 위성통신은 극적인 반전을 맞이했다.

뭐야?
소련이 위성을
쏘아 올렸다고?

아이젠하워

당시 첨예한 냉전 체제 속에 있던 미국은 우주 개발에서 공산국가인 소련에 뒤질까 봐 우주 기관인 나사(NASA)를 만들었고, 로켓 개발에 전 국가적인 노력을 기울였다.

경쟁국에 질 수 없지!
어서 위성을 쏘아 올릴 수 있는
로켓부터 개발하시오!

미국항공우주국(NASA)

옛 소련의 인공위성 스푸트니크호의 발사 충격으로 만들어진 미국의 국가 기관입니다. 우주 계획 및 장기적인 일반 항공에 대한 연구가 목적이며, 산하 시설로는 케네디 우주센터, 고다드 우주비행센터, 제트 추진연구소, 존슨 우주센터, 랭글리 연구센터, 마셜 우주비행센터 등이 있습니다.

나사는 1958년 플로리다주에 있는 케이프커내버럴 공군 기지에서 주노 1호 로켓에 미국 최초의 위성인 익스플로러 1호를 실어서 발사했다.

나사 덕분에
위성통신을 위한
마지막 퍼즐이
맞춰졌군.

이제 위성 개발을 위해 남은 건 수동위성과 능동위성 중 어떤 것을 선택하는가였다.

수동위성이
뭔가요?

수동위성은 1,600km 정도의 상공에서
저궤도로 지구를 돌며 기술자들이 신호를
보내고 받을 수 있도록 전파를 튕겨주는
일종의 반사물입니다.

예를 들어 캘리포니아에서 보낸 전파를 움직이는 위성에 쏘면, 위성은 수동적으로 신호를 받아 반사 각도에 따라 지상으로 보내는 역할만 하죠.

그럼 능동위성은 어떤 건가요?

능동위성은 배터리, 트랜지스터, 안테나와 진공관을 탑재하여 지구에서 쏜 신호를 받아 증폭시킨 뒤 원하는 지상으로 돌려보냅니다.

간단히 말하자면 우주에 중계 기지국이 있는 셈이죠.

이론상으로는 말할 것도 없이 능동위성이 수동위성보다 나았다.

수동위성

난 내가 스스로 판단해!

능동위성

왜냐하면 지구에서 수동위성으로 쏘아 올린 신호는 모든 방향으로 반사되는 탓에

각 지점에는 처음에 보냈던 신호의 100만분의 1이나, 1조분의 1 정도만 돌아오기 때문에 지상 어디에서 신호를 받더라도 희미했다.

한마디로 신호가 너무 약해.

반면 능동위성은 강력하고 접근성이 높은 신호를 광대역으로 송출할 수 있고,

지상국에서 위성에 어떤 신호를 전달할지 명령할 수 있는 장점이 있었다.

능동위성은 수동위성보다 텔레비전 신호를 보내는 것도 훨씬 쉽죠.

그럼 위성 개발은 역시 능동위성으로….

그러나 피어스의 연구팀은 능동위성을 개발하고 운영하기에는 인력과 예산이 턱없이 부족했다.

하지만 능동위성을 아무 오류 없이 내구성 강하게 작동할 만큼 잘 만들 수 있으려면 사람과 돈이 더 필요해.

결국 피어스는 위험부담이 적고 실질적인 문제가 생겼을 때 해결이 용이한 수동위성을 먼저 개발하기로 결심했다.

일단은 쉬운 것부터. 실험한다는 생각으로 해보는 거야!

그럼 이제 남은 건 연구 개발비인데….

헤헤헤~ 소장님! 통신위성 만드는 데 돈 좀 주세요.

당시 벨연구소의 연구소장이었던 머빈 켈리는 이 계획에 수백만 달러의 예산을 배정하는 걸 망설였다.

글쎄, 생각 좀 해보고.

임기도 얼마 안 남았는데 이런 무모한 일에 돈을 낭비할 순 없어.

언제까지 기다리고만 있을 순 없어. 다른 데서 도움받을 방법은 없을까?

이때 피어스를 도와준 것은 그의 오랜 친구이자 진행파관을 발명한 루디 콤프너였다.

피어스, 나한테 좋은 생각이 있어.

좋은 생각?

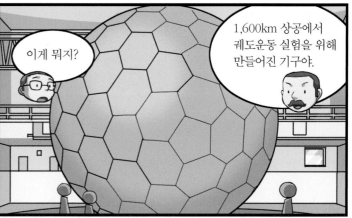

이게 뭐지?

1,600km 상공에서 궤도운동 실험을 위해 만들어진 기구야.

피어스는 루디 콤프너의 도움으로 랭글리 공군기지 소속 정부 기술자인 윌리엄 오 설리번이 다양한 대기권 내 실험을 위해 만든 기구를 손에 넣는 데 성공했다.

우리가 통신위성으로 사용해도 될까요?

그러세요.

이제 남은 문제는 우주로 그 기구를 날려 보내는 방법이었다.

에휴~ 산 넘어 산이네.

다행히 이 문제는 나사의 도움으로 손쉽게 해결되었다.

좋은 소식이야! 나사가 수동위성 발사를 지원하기로 했어!

만세!

그러나 모든 준비가 끝났음에도 최종적으로 벨연구소의 허락을 받아야 하는 문제가 남아 있었다.

모든 준비가 끝났습니다. 마지막으로 결재 사인 좀….

그때까지도 머빈 켈리의 마음은 변하지 않았다.

미안하지만 난 이 일을 허락할 수 없네.

넷?

켈리는 궤도위성이라는 개념은 위험한 데다 입증되지도 않은 것이며, 비용도 많이 든다는 이유로 끝까지 반대했다.

위성 반대

위성 반대

위성!

반대!

너무해. 지원도 안 해주면서 방해만 하다니.

그렇게 계속되던 두 사람의 긴 싸움은 1958년 말에 끝났다.

아싸~ 드디어 때가 왔어!

머빈 켈리가 벨연구소에서 은퇴를 했기 때문이다.

안녕~

위성은 케이블이나 다른 어떤 방법보다도 저렴하게 아주 광범위한 채널을 제공할 수 있기 때문에 1억 달러를 투자하면 이후에 그 이상의 수익을 거둘 수 있습니다.

게다가 미래를 생각할 때 벨연구소가 위성통신 연구에서 경쟁력을 가지려면 앞서 나가야 합니다.

음….

뒤를 이어 소장직에 오른 피스크는 피어스의 계획을 허락했다.

좋아! 자네의 연구를 허락하네!

피어스의 제안은 정식으로 인가를 받아 '에코 프로젝트'라는 공식 명칭까지 주어졌다.

에코 프로젝트

이렇게 되자 피어스는 자신의 아이디어를 최종적으로 현실화시켜줄 책임자를 찾아 나섰다.

나를 도와 개발을 이끌어갈 책임자가 필요해.

그 결과 젊은 전기공학 기술자인 빌 제이크스가 에코 프로젝트의 책임자로 임명됐다.

잘 부탁해.

저야말로.

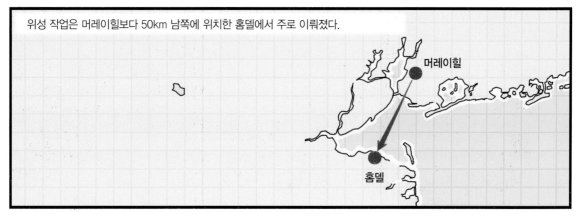

위성 작업은 머레이힐보다 50km 남쪽에 위치한 홈델에서 주로 이뤄졌다.

머레이힐

홈델

제이크스는 홈델 근처 크로포드힐이라는 평평한 고지대에 지상 수신소를 짓기로 하고 조립식 건물 몇 개와 가장 중요한 장치인 두 개의 거대한 안테나도 만들었다.

완벽한 위성 발사를 위해 이전과는 다른 시도들이 이어졌다.

이렇게 정교한 컴퓨터를 이용하는 건 처음이야.

하늘에서 움직이는 위성을 자동으로 추적, 기구의 궤적을 따라 안테나를 움직인다는 계획도 세웠다.

궤도위성에 신호를 전송하려고 직경 18m의 거대한 접시형 안테나도 구입했어.

이 밖에도 완벽한 발사를 위해 나사에서는 위성을 싣고 갈 새 로켓의 투포환 실험을 진행하기도 했다.

투포환 실험?

투포환 실험

직경 60cm 정도의 작고 동근 금속 상자에 거대한 반사용 기구를 접어 넣고 이것이 우주로 쏘아졌을 때 제대로 부풀고 작동할지 알아보기 위해 수백 km 상공에서 미리 쏘아 올려보는 약식 발사를 뜻합니다.

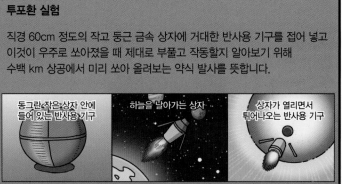

동그란 작은 상자 안에 들어 있는 반사용 기구

하늘을 날아가는 상자

상자가 열리면서 튀어나오는 반사용 기구

준비 완료! 이제 발사만 남았어!

1960년 5월 13일 발사가 이루어졌다.

기대와 달리 첫 발사는 실패로 돌아갔다.

로켓은 궤도 진입에 실패했고, 로켓에 실었던 기구는 대기 중에서 불타버리고 말았다.

안 돼!

에코팀 모두는 로켓 발사 실패로 정신이 없었지만 곧 마음을 추스르고 다시 실험을 거듭했다.

뭐가 문제였을까?

문제점을 찾아서 해결해야만 해.

그리고 1960년 8월 12일, 기구를 실은 델타 로켓이 다시 발사됐다.

이번엔 제발….

세계 곳곳의 관측소에서는 시속 25,800km의 속도로 날아가는 에코의 상황을 망원경으로 살피는 동시에 에코에 탑재된 작은 태양전지 무선 송신을 점검했다.

무선 송신 양호!

슬슬 궤도에 올라갈 때가 됐는데.

여기는 호주의 우메라 관측소! 우메라에서 신호 확인!

신호가 확인됐답니다! 만세! 성공이야. 에코가 궤도에 올랐어!

이후 캘리포니아의 골드스톤에서는 이 순간을 위해 미리 녹음해둔 아이젠하워 대통령의 메시지를 통신위성을 이용해 홈델에 방송했다.

대통령의 메시지를 전송하겠습니다.

① 캘리포니아 골드스톤의 안테나에서 궤도 위의 기구를 향해 마이크로파 신호를 쏘아 올린다.

② 마이크로파 신호가 궤도 위를 도는 기구에 닿아 반사된다.

③ 반사된 마이크로파 신호는 뉴저지의 거대 혼안테나로 흘러들어간다.

④ 혼안테나에 도착한 신호는 혼안테나 하부에 설치된 메이저로 인해 신호가 4,000배 증폭된다.

⑤ 증폭된 신호는 스피커를 통해 사람들에게 전달된다.

에코 프로젝트는 미국의 우주 연구 및 탐사 계획에 있어서 중요한 한 걸음입니다.

방송은 성공적이었다. 그리고 이것은 인류 최초로 위성통신이 성공했음을 알리는 순간이었다.

※위성통신과 통신위성: 위성통신은 위성을 이용한 통신 방법을 나타내는 용어이며, 통신위성은 위성 가운데 통신을 목적으로 만들어진 위성을 지칭하는 말입니다..

이후 위성은 단순히 흥미로운 실험에서 벗어나 치열한 비즈니스가 됐다.

이거 돈 좀 되겠는걸.

위성은 점점 부담이 되고 있는 해저 케이블을 대신할 수 있을 뿐 아니라

해저 케이블이 또 끊어졌어.

해저 케이블로는 불가능한 텔레비전 실시간 방송도 가능하게 만들었기 때문이다.

통신위성 덕분에 실시간 중계를 볼 수 있어서 너무 좋아.

이 때문에 어떤 경제학자들은 통신위성이 10년 안에 연 수익 10억 달러짜리 비즈니스가 된다고 예측하기도 했다.

두고 보십시오. 이건 10억 달러 이상을 벌어줄 겁니다.

돈이 될 거라는 예상이 이어지자 통신위성사업은 수많은 투자자들로부터 관심을 받기 시작했다.

통신위성사업

원하는 만큼 투자하겠네.

무슨 소리야! 내가 먼저 투자할 거야!

줄 서! 내가 먼저야!

오~ 개발할 돈이 넘쳐나는걸.

그러자 피어스는 수동위성보다 더 복잡한 능동위성을 만들기로 마음 먹고

그럼 이번엔 능동위성에 도전해봐야지!

한층 발전된 능동위성을 빠른 속도로 만들어나갔다.

'텔스타(Telstar)'라는 이름까지 붙은 이 능동위성은 지상에서 쏘아 올린 전파신호를 10억 배 증폭시켜서 지구에 다른 주파수대로 재전송할 수 있었다.

그런데 능동위성이 수동위성보다 좋은 점이 뭐지?

능동위성은 수백의 전화 통화와 여러 개의 텔레비전을 동시에 전송할 수 있습니다.

와아!

텔스타 개발의 목적은 벨연구소가 능동위성을 설계, 개발하고 전개할 수 있음을 보여줌으로써 대규모 위성사업에서 유리한 위치를 차지하려는 데 있었다.

우주통신의 주도권은 우리가 잡아야 해! 텔스타가 작동하기만 한다면 벨연구소의 능력을 세상에 보여줄 수 있어!

이를 위해 벨연구소에서는 철저한 테스트가 이어졌다.

텔스타에 들어가는 15,000개의 모든 부품에 대한 테스트를 실시하겠습니다.

헉! 그렇게까지….

당연하지. 로켓 발사의 진동에도 견디고 대기권 밖에서도 무사하려면 완벽해야만 해.

텔스타 위성

텔스타는 직경 90cm 정도의 공 모양을 지닌 위성으로, 무게는 일반적인 성인 남자 체중에 불과한 77kg이었습니다. 이것은 단순한 발명품이 아니라, 25년간 벨연구소에서 개발한 16가지의 기술이 합쳐진 결과물로서 전화 및 텔레비전 신호 송수신은 물론 우주의 방사선에 관한 데이터도 수집할 수 있는 획기적인 위성이었습니다.

텔스타에는 당시로서는 흔치 않은 반도체 관련 기술도 투입됐다.

텔스타에 반도체 기술이 사용된다고 들었는데, 어디 이용됐죠?

텔스타 표면에 장착된 3,600개의 전력 공급용 태양전지, 대체로 방사선 측정을 위해 만들어진 트랜지스터와 다이오드에 이용되었습니다.

그러나 위성에서 가장 중요한 신호 증폭은 여전히 연필 하나 두께에, 길이는 30cm 정도인 진행파관이 맡고 있었다.

다른 건 몰라도 증폭기는 검증된 걸 사용하는 게 좋아.

1962년 6월 10일. 마침내 텔스타를 실은 로켓이 발사됐다.

쿠아아앙

그리고 몇 시간 뒤 텔스타는 로켓으로부터 분리돼 나와

안전하게 궤도에 들어선 후 지구를 돌기 시작했다.

이후 얼마 지나지 않아 텔스타 프로젝트에 참여한 프랑스 기지국에서는 또렷한 실시간 텔레비전 신호를 수신할 수 있었다.

오오- 텔스타에서 보낸 영상이 수신됐다!

다음 날 아침부터는 본격적인 위성통신 방송이 시작되었다.

영국에서 내보내는 쇼가 미국에서 실시간으로 방송되기 시작했다.

오 마이 갓! 영국 방송을 실시간으로 보다니! 이건 기적이야!

이러한 성공 덕분에 피어스의 인기도 나날이 높아졌다.

저 사람이 통신위성에 대한 아이디어를 처음 낸 사람이래.

피어스 씨, 저희 대학에서 강연 좀 부탁해요.

피어스 씨, 사인 좀!

피어스 씨, 우리 방송에 출연 좀 해주세요.

피어스 씨, 인터뷰 좀.

크~ 이놈의 인기.

피어스는 강연장이나 텔레비전에 출연해 통신위성 사업의 중요성과 그 의미에 대해 설명했다.

사회를 변화시키는 것은 기술이 아닙니다. 기술에 의해 가능하게 된 즉각적 정보 교환과 그로 인해 생겨난 새로운 정보망이 사회를 변화시킬 것입니다.

특히 그는 데이터 전송, 가정용 컴퓨터, 전자메일, 광통신 등과 같은 새로운 정보망이 우리 사회를 변화시킬 것이라고 내다봤으며, 그중에서도 휴대전화의 중요성을 강조했다.

미래에는 휴대전화가 인기를 끌 겁니다.

휴대전화? 그게 뭐지?

간단히 말해서 손에 들고 다니며 전화할 수 있는 기계를 뜻합니다.

말도 안 돼! 이동하면서 전화를 할 수 있다고?

장담하건대 만약 광범위한 주파수대를 운영하도록 허가만 해준다면 휴대전화 사업은 폭발적인 인기를 얻을 겁니다.

그리고 그의 예언은 오래지 않아 현실이 되었다.

거봐. 내 말이 맞았지?

다이나택8000(최초의 휴대전화)

아마도 지금 우리가 정보통신의 혁명 속에서 살아가는 것은 피어스 같이 미래를 내다본 과학자들 덕분일 것이다.

7장. 트랜지스터에서 집적회로까지

1947년 벨연구소에서 세계 최초의 트랜지스터가 발명되었다.

점접촉식 트랜지스터

수학 천재 섀넌은 일찌감치 이 트랜지스터의 엄청난 가능성을 예견했다.

> 트랜지스터를 사용하면
> 0과 1로 이루어진 디지털 정보
> 처리가 가능해. 이것이 동시에
> 수천, 수십 만개 맞물려 이어져
> 작동한다면 엄청난 일을
> 할 수 있을 거야!

벨연구소는 자신들이 개발한 트랜지스터 기술을 독점하지 않고 벨연구소 외부에서도 사용할 수 있도록 했다.

> 당신들도 만들어.

> 정말 그래도 돼?

이로 인해 트랜지스터는 빠르게 발전할 수 있는 토대를 갖춰나갔다.

점접촉 트랜지스터 → 면접촉 트랜지스터

NPN   PNP

트랜지스터 기술의 전파

벨연구소 임원들은 트랜지스터 기술을 연구소 내부에만 한정시켰다가 정부 규제를 받을지도 모른다고 우려했습니다. 이와 동시에 트랜지스터 기술을 독점하지 않고 외부와 공유하면 반도체 산업의 덩치가 커지고 경쟁 기업이 늘어나면서 트랜지스터 생산비가 빠른 속도로 감소할 것이라고 생각했습니다.
그래서 임원들은 레이시온, RCA, GE 등에 라이선스를 주었습니다. 그 결과 벨연구소의 생각대로 이들 기업은 본격적으로 트랜지스터 사업을 시작했고 마침내 대량 생산을 앞당길 수 있었습니다.

진공관을 대신하는 트랜지스터의 인기는 날로 높아졌다.

아~ 이놈의 인기.

그도 그럴 것이 트랜지스터는 진공관에 비해 작고 안정적이며

훗, 덩치만 크면 뭐해?

극소량의 전기를 소비했다.

트랜지스터는 진공관이 소모하는 전력의 10만분의 1 수준의 전기만 사용합니다.

그러나 장점이 많은 트랜지스터에도 치명적인 문제점이 하나 있었다.

이 좋은 물건에 문제점이 있다고?

그것은 트랜지스터의 가격이 지나치게 높다는 점이었다.

다 좋은데 너무 비싸. 진공관 하나의 제작비가 74센트인데 트랜지스터 하나를 만드는 비용은 8달러 정도거든.

또 트랜지스터 개발 초기에는 모든 트랜지스터에 게르마늄이 사용됐는데

반도체 물질로 게르마늄을 이용해야지.

힉!

꽝!

게르마늄은 안전성이 떨어졌다.

음… 게르마늄은 약 80℃ 정도에서 파괴되는 문제가 있군.

따라서 벨연구소 연구진들은 이러한 문제들을 해결할 수 있는 새로운 트랜지스터의 개발에 매달렸다.

높은 온도에서도 견딜 수 있는 트랜지스터를 만들어야 해.

그러려면 새로운 반도체 물질을 찾아야지.

1952년 벨연구소에 입사한 모리스 타넨바움이 이 문제를 집중적으로 파고들었다.

게르마늄보다 더 좋은 반도체는 없을까?

모리스 타넨바움은 알루미늄, 갈륨, 인듐 등 다양한 금속들을 이용해 실험했지만 원하는 결과를 얻지는 못했다.

이것도 아니고, 저것도 아니고.

쇼클리의 제안으로 타넨바움은 실리콘에 대한 연구를 본격적으로 시작했다.

게르마늄에는 안 좋은 특성들이 많으니까 차라리 실리콘을 연구해보는 게 어때?

실리콘의 어떤 점이 더 좋죠?

실리콘은 값도 싸고 녹는점이 높아서 안전하거든.

그런 장점이!

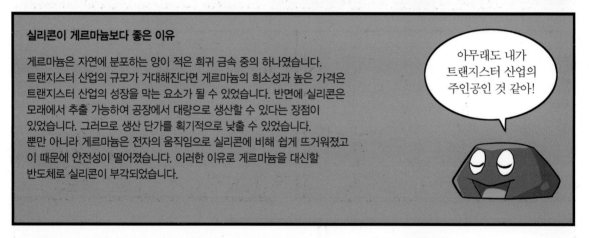

실리콘이 게르마늄보다 좋은 이유

게르마늄은 자연에 분포하는 양이 적은 희귀 금속 중의 하나였습니다. 트랜지스터 산업의 규모가 거대해진다면 게르마늄의 희소성과 높은 가격은 트랜지스터 산업의 성장을 막는 요소가 될 수 있었습니다. 반면에 실리콘은 모래에서 추출 가능하여 공장에서 대량으로 생산할 수 있다는 장점이 있었습니다. 그러므로 생산 단가를 획기적으로 낮출 수 있었습니다. 뿐만 아니라 게르마늄은 전자의 움직임으로 실리콘에 비해 쉽게 뜨거워졌고 이 때문에 안전성이 떨어졌습니다. 이러한 이유로 게르마늄을 대신할 반도체로 실리콘이 부각되었습니다.

아무래도 내가 트랜지스터 산업의 주인공인 것 같아!

그러나 실리콘은 녹는점이 너무 높다는 단점이 있었다.

어허, 시원하다!

이 녀석은 뭔데 녹지를 않는 거야?

녹는 과정에서 다른 원소에 의해 오염되기 쉬운 문제점도 있었다.

헉! 녹으라는 실리콘은 안 녹고 도가니가 녹았잖아!

녹는점이 높다 보니 도가니까지 녹아서 도가니의 성분이 실리콘에 유입되었어. 이대로는 사용할 수가 없어.

해결 방법이 없을까?

그래! 야금학자들에게 도움을 청해야겠어.

이를 해결하기 위해 벨연구소의 수많은 야금학자들은 노력을 기울였다.

야금학자님들, 도와줘요!

우리한테 맡겨.

※야금: 금속을 광석으로부터 추출하고 정련해서 각종 사용 목적에 적합하게 조성 및 조직을 조정하고, 필요한 형태로 만드는 기술.

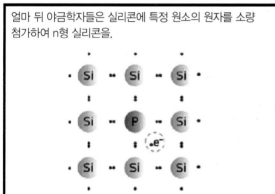

얼마 뒤 야금학자들은 실리콘에 특정 원소의 원자를 소량 첨가하여 n형 실리콘을,

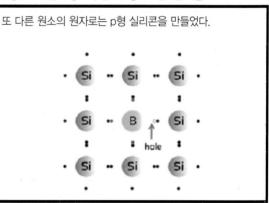

또 다른 원소의 원자로는 p형 실리콘을 만들었다.

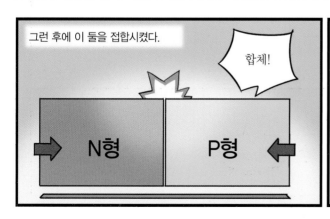

그런 후에 이 둘을 접합시켰다.

합체!

N형　P형

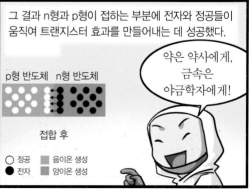

그 결과 n형과 p형이 접하는 부분에 전자와 정공들이 움직여 트랜지스터 효과를 만들어내는 데 성공했다.

약은 약사에게, 금속은 야금학자에게!

한편 모리스 타넨바움은 또 다른 기술자인 에릭 뷸러의 도움을 받아 용해된 실리콘에 실리콘 결정을 담근 후 끌어올리는 속도를 다르게 함으로써 기다란 실리콘 봉을 만들었다.

끌어올리는 속도에 변화를 주면 실리콘 결정에 유입되는 n형 및 p형 불순물의 양을 조절할 수 있어.

이 기다란 실리콘 결정은 11.5cm의 길이에 폭은 1.9cm 정도였는데, n-p-n 샌드위치들이 다닥다닥 쌓아 올려져 있어서 마치 작은 회색 웨이퍼들로 만들어진 막대기 같았다.

타넨바움과 뷸러는 다결정 덩어리보다도 훨씬 순수한 단결정 실리콘을 크게 성장시키는 법을 알아냄으로써 생산 비용을 크게 절감할 수 있었다.

그리고 마침내 두 사람은 1954년, 이 결정에서 웨이퍼 하나를 절단해, 세계 최초로 실리콘 트랜지스터를 만드는 데 성공했다.

해냈다!

※단결정과 다결정 차이: 단결정은 실리콘 원자의 배열이 규칙적이고 방향이 일정하여 에너지 변환 효율이 높다. 반면 다결정은 많은 결정체가 모여서 된 것이므로 단결정보다 에너지 변환 효율이 낮다.

웨이퍼(Wafer)

반도체 집적회로를 만드는 중요한 재료로 실리콘(Si), 갈륨 아세나이드(GaAs) 등을 성장시켜 얻은 잉곳(ingot)을 적당한 지름으로 얇게 썬 원판 모양의 판을 의미합니다.

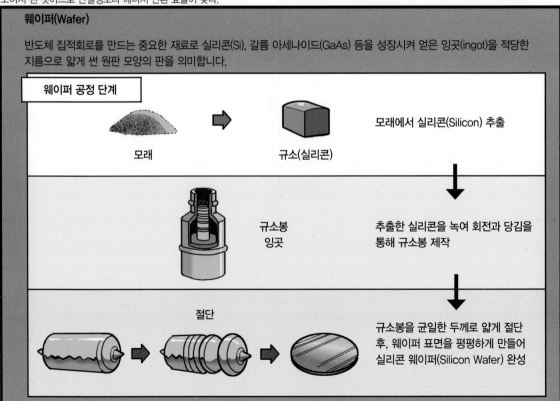

웨이퍼 공정 단계

모래 → 규소(실리콘)

모래에서 실리콘(Silicon) 추출

규소봉 잉곳

추출한 실리콘을 녹여 회전과 당김을 통해 규소봉 제작

절단

규소봉을 균일한 두께로 얇게 절단 후, 웨이퍼 표면을 평평하게 만들어 실리콘 웨이퍼(Silicon Wafer) 완성

하지만 아직 만족할 만한 단계는 아니었다.

엥? 어째서?

왜냐하면 실리콘 트랜지스터의 제작 방식이 너무 복잡해서 대량생산에 적합하지 않았다.

음… 대량생산을 하려면 좀 더 제작과정이 간단해야 해.

이 문제를 해결하기 위해 타넨바움은 연구를 계속 이어나갔다.

다시 초심으로!

이때 벨연구소의 화학부 동료인 칼 풀러가 타넨바움의 연구에 관심을 나타냈다.

나도 끼워주면 안 돼?

얼마든지!

특히 그는 황동 손잡이를 만진 후에 게르마늄 결정을 건드리면 불순물이 유입된다는 사실을 알아낸 후

어? 황동을 만진 후 게르마늄을 건드렸더니 불순물이 들어갔네!

이걸 실리콘에 이용할 방법이 없을까?

바로 이거야!

불순물 이용에 관심이 많던 칼 풀러는 '확산'이라는 기술을 사용하면 실리콘 내 불순물의 농도를 정확하게 조절할 수 있다는 것을 알아냈다.

이 방법을 실리콘에도 적용해야지.

확산(diffusion)

액체나 기체에 다른 물질이 섞이고, 그것이 조금씩 번져가다가 마지막에는 일률적인 농도로 바뀌는 현상을 의미합니다. 대개 기체는 액체보다도 더 빠른 확산 현상이 일어납니다. 기체만큼 빠르지는 않으나 확산은 액체에서도 볼 수 있으며, 극히 느리기는 하지만 고체에서 일어나기도 합니다. 확산 속도는 분자의 질량이 작을수록, 온도가 높을수록 빨라집니다.

확산

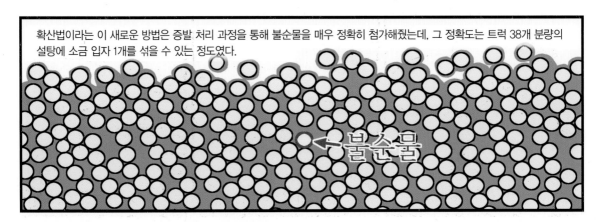

확산법이라는 이 새로운 방법은 증발 처리 과정을 통해 불순물을 매우 정확히 첨가해줬는데, 그 정확도는 트럭 38개 분량의 설탕에 소금 입자 1개를 섞을 수 있는 정도였다.

이로써 타넨바움은 풀러의 도움으로 보다 간편한 제작 방법을 알게 되었다.

됐어! 이 방식을 이용하면 신속하고 정확하게 불순물을 첨가할 수 있어! 실리콘 트랜지스터를 손쉽게 만들 수 있겠어!

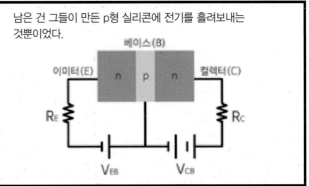

남은 건 그들이 만든 p형 실리콘에 전기를 흘려보내는 것뿐이었다.

하지만 확산을 거친 실리콘 원판 중간에 위치하는 이 p형 층은 두께가 사람 머리카락보다도 훨씬 얇아서 전기를 접촉시키는 게 쉽지 않았다.

잘 안 보여.

타넨바움은 10원짜리 크기의 원판을 갈아 전선을 연결하거나 그 밖에 가능한 모든 방법을 시도했다.

절대 포기 안 해!

마침내 1955년 3월 17일. 타넨바움은 기존의 어떤 트랜지스터보다도 뛰어난 성능을 지닌 실리콘 트랜지스터를 만들어냈다.

이것이야말로 우리가 기다리던 트랜지스터야!

이후 대량생산으로 트랜지스터의 값이 하락하면서 실리콘 트랜지스터는 다양한 곳에 널리 사용되기 시작했다.

모래가 주원료인 실리콘으로 트랜지스터를 만들었더니 가격이 아주 싸졌어.

가격도 싸고 크기도 작아서 보청기 만드는 데 딱이야.

전류의 흐름을 조절해서 라디오 볼륨을 조종하기에도 좋네.

금세 전자제품의 핵심 부품으로 자리 잡았다.

하지만 시간이 흐를수록 전자제품의 기능이 복잡해지고

군사 무기나 우주 개발 계획처럼 소형 부품이 필요한 사업들이 진행되면서

트랜지스터의 소형화도 절실하게 요구됐다.

이 정도 크기로는 곤란해. 좀 더 복잡한 전자 장치를 작은 공간 속에 집어넣어야 하는데….

게다가 전자제품의 기능이 다양해지면서

뭐가 이렇게 복잡해.

트랜지스터와 저항기, 다이오드, 커패시터 등을 연결해주는 부분이 증가했다.

이런 연결점들이 자주 고장을 일으켰다.

히익!

이에 따라 새로운 형태의 트랜지스터를 개발하기 위한 노력이 이어졌다.

더 작게 만들 순 없을까? 더 성능을 높일 순 없을까?

저항기, 다이오드, 커패시터

저항기	다이오드	커패시터
전기적 흐름을 강제로 방해하는 소자입니다. 흐름을 방해함으로써 자신이 원하는 만큼의 전류를 흐르도록 합니다.	주로 한쪽 방향으로만 전류가 흐르도록 제어하는 반도체 소자를 뜻합니다. 교류를 직류로 바꾸거나 빛을 낼 수 있는 특성을 지니고 있습니다.	콘덴서, 혹은 축전기로도 불리는 소자로 직류 전압을 가하면 각 전극에 전기를 저장하거나 교류에서는 직류를 차단하고 교류 성분을 통과시키는 성질을 갖고 있습니다.

그러던 중 1958년, 텍사스 인스트루먼트(TI)사의 기술자 잭 킬비는

내가 바로 잭 킬비야.

오~ 광채가!

이런 문제를 해결하기 위한 방법으로 복잡한 전자 부품들을 정밀하게 만들어 작은 평면에 인쇄하듯 찍어내 차곡차곡 쌓는 방법을 고안했다.

트랜지스터, 저항기, 커패시터 등을 정밀하게 만들어서 작은 반도체 속에 하나의 전자회로로 구성해서 집어넣는 거야.

이렇게 해서 탄생한 것이 집적회로(IC)였다.

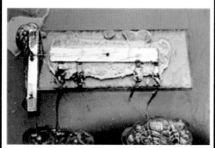

근데 집적이 무슨 뜻이죠?

집적이란 통합한다는 뜻입니다. 즉 집적회로란 트랜지스터, 다이오드, 커패시터, 저항기 등 개발소자를 하나의 칩으로 통합하기 위해 전자회로를 그려 넣은 반도체를 뜻하죠.

※소자: 전자, 혹은 전기회로를 구성할 때 이용하는 전자 부품, 즉 다이오드, 태양전지, 트랜지스터 등을 이르는 말이다.

집적회로

작은 패키지 안에 다수의 전자회로 소자가 봉인된 전자제품. 조합의 가지가 많기에 기능이 다양합니다. 대개의 경우 벌레다리처럼 많은 단자를 지니고 있습니다.
집적회로는 트랜지스터, 다이오드, 저항기, 커패시터 등의 전자 부품들이 서로 정밀하게 연결되어 전기신호를 연산하고 저장하는 역할을 합니다.
집적회로를 구성하고 있는 각 부품들의 기능을 살펴보면 트랜지스터는 전원을 켜고 끄는 스위치 역할을 하며, 커패시터는 전하를 충전해 보관하는 일종의 창고 역할을 합니다. 저항기는 전류의 흐름을 조절하는 역할을 담당하고, 다이오드는 신호를 고르게 전하는 기능을 합니다.
1958년, 미국의 기술자 잭 킬비에 의해 최초로 발명되었으며, 발명 초기에는 일일이 손으로 연결했지만 현재는 집적회로의 전자 부품들과 그 접속 부분들은 너무나도 미세하고 복잡하기 때문에 전자 부품들과 그 접속 부분의 패턴을 사진으로 찍어 축소한 마스크를 마치 사진 인화와 같은 필름처럼 사용해서 집적회로를 제작합니다.
트랜지스터, 다이오드, 저항기, 커패시터 등 복잡한 전자 부품들을 정밀하게 만들어 작은 반도체 속에 하나의 전자회로로 구성해 집어넣은 것으로, 개개의 반도체를 하나씩 따로따로 사용하지 않고 실리콘의 평면상에 몇 천 개, 몇 만 개를 모아 차곡차곡 쌓아놓은 형태입니다. '모아서 쌓는다', 즉 집적한다고 하여 집적회로라는 이름이 붙었습니다.

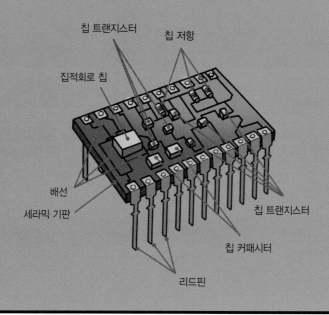

칩 트랜지스터   칩 저항

집적회로 칩

배선

세라믹 기판

칩 트랜지스터

칩 커패시터

리드핀

1959년, 킬비는 반도체 공정을 이용해 소자들을 한 개의 게르마늄 칩 위에 집적하고 작동시키는 데 세계 최초로 성공하고, 그해 2월 특허를 받았다.

대단해!

그러나 그가 개발한 방법은 칩 위의 부품들을 하나하나 손으로 알루미늄 선에 연결했기 때문에 대량생산이 불가능했다.

이건 사업성이 전혀 없어.

그런데 킬비보다 몇 달 늦게, 로버트 노이스 역시 부품을 회로에 집적 결합하는 아이디어를 갖고 나타났다.

잠깐! 나도 집적회로를 만들었습니다!

한때 벨연구소 출신의 쇼클리와 함께 일했던 로버트 노이스는

쇼클리와 헤어진 뒤 동료들과 함께 회사를 차려 집적회로를 연구했다.

너무해!

그는 이때 실리콘 산화물을 이용해 막을 입히면 외부의 오염을 크게 차단해 예민한 회로를 보호할 수 있으며

실리콘 산화물을 이용해서 막을 입히면 회로를 보호할 수 있어.

그럼 전선은 어떻게 연결하지?

실리콘 산화물 코팅에 홈을 내서 전선을 이으면 트랜지스터 사용에서 발견되었던 문제를 해결할 수 있다는 것을 알아냈다.

그건 걱정 마. 산화물 코팅에 홈을 내면 전선을 연결할 수 있어.

오오~!

이 밖에도 그는 실리콘 블록의 홈을 저항으로 사용할 수 있다는 사실을 발견하고 증명하기도 했다.

저항기 대신 이 홈을 저항기처럼 이용하면 돼.

좋은 생각이야. 그럼 부품을 줄일 수 있어.

이 같은 노력 덕분에 로버트 노이스는 1959년 1월, 4쪽 분량의 노트를 가득 채운 집적회로 그림을 완성하는 데 성공했다.

그런데 이 집적회로는 킬비의 집적회로보다 정교했지만 비슷한 발명 시기 때문에 긴 법정 다툼을 벌여야 했다.

결국 두 사람은 서로의 권리와 명예를 인정하고 함께 나아가는 길을 선택했다.

집적회로를 최초로 만든 잭 킬비와 로버트 노이스

킬비와 노이스의 집적회로 개발은 20세기 최고의 발명 중 하나로 반도체 산업 발전의 견인차였습니다. 킬비는 이와 같은 업적으로 2000년 노벨물리학상을 받았습니다. 그러나 아쉽게도 노이스는 1990년에 사망해 수상의 영예는 누리지 못했습니다. 킬비는 노벨물리학상 수상 연설에서 노이스의 성과를 잊지 않고 언급했습니다.

잭 킬비   로버트 노이스

이후 집적회로의 개발로 반도체는 단순히 트랜지스터의 개발과 생산에 이용되는 것을 넘어 하나의 산업 분야로 자리 잡았다.

※반도체 산업: 반도체 재료 및 반도체 전자회로소자의 제조·제작과 이들의 응용을 생산 목적으로 하는 산업.

그런데 당시 사용되는 양방향 접합형 트랜지스터에는 여전히 몇 가지 문제가 있었다.

접합형 트랜지스터는 만들기가 힘들고 전력 소모가 커.

이 때문에 집적회로를 대규모로 생산하는 것도 힘들어.

개선할 방법이 없을까?

이때 벨연구소의 연구원이었던 한국인 공학자 강대원 박사와 마틴 아탈라는 1960년 '금속 산화막 반도체 전계효과 트랜지스터(MOS-FET)'를 발명했다.

금속 산화막 반도체 전계효과 트랜지스터? 그게 뭐지?

제가 설명해드리죠.

오~ 당신은 바로 강대원 박사!

제가 만든 트랜지스터는 기존의 트랜지스터와 달리 반도체 표면 위에 절연층을 얻은 다음 그 위에 금속 게이트 전극을 설치합니다.

이렇게 하면 전력 소비를 크게 줄여 생산비를 낮출 수 있죠.

아~

또한 집적하기 쉬운 기술적 장점을 지녀, 제조가 까다롭고 전력 소모가 컸던 양방향 접합형 트랜지스터의 문제점을 단숨에 해결할 수 있습니다.

이로써 강대원 박사가 만든 '금속 산화막 반도체 전계효과 트랜지스터'는 모든 실리콘 집적회로의 기본 요소가 되었다.

강대원 박사 덕분에 대규모 집적회로 생산이 가능해졌어.

이후 집적회로의 비약적인 발전으로 제품의 크기는 점점 작아졌다.

강대원(1931~1992)

1955년 서울대 물리학과를 졸업하고 미국으로 건너가 오하이오 주립대에서 석·박사 학위를 취득한 후 벨연구소에 입사했습니다. 이후 1960년 '금속 산화막 반도체 전계효과 트랜지스터'와 1967년 플로팅게이트를 각각 세계 최초로 발명하면서 집적회로 기반의 반도체 발전에 크게 기여했습니다.
강대원 박사가 모스펫을 개발하지 않았다면 지금의 PC를 비롯한 휴대전화, 디지털카메라 등 거의 모든 IT기기는 발명되지 못했을 겁니다. 특히 1967년 강대원 박사가 발명한 플로팅게이트는 전원을 꺼도 저장된 데이터가 사라지지 않는 비휘발성 반도체 기억 장치를 개발한 것으로, 오늘날 보편화된 컴퓨터의 플래시 메모리의 기초입니다.

강대원 박사

강대원 박사의 모스펫 모형 구조

또한 집적회로 생산에 사진을 찍는 포토 공정 방식이 도입되어 생산성이 더 높아졌을 뿐만 아니라, 제품의 신뢰도도 좋아졌다.

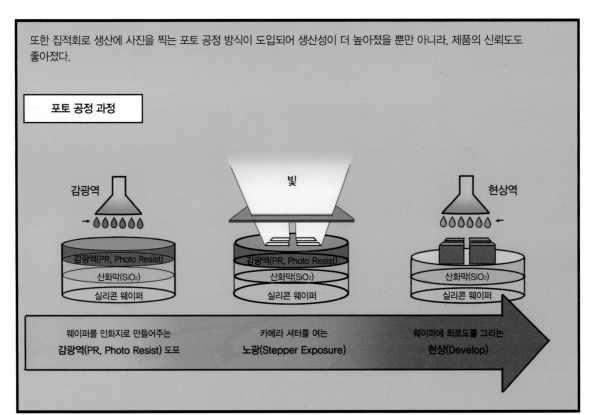

포토 공정 과정

빛

감광역

현상역

감광액(PR, Photo Resist)
산화막(SiO₂)
실리콘 웨이퍼

감광액(PR, Photo Resist)
산화막(SiO₂)
실리콘 웨이퍼

산화막(SiO₂)
실리콘 웨이퍼

웨이퍼를 인화지로 만들어주는
감광역(PR, Photo Resist) 도포

카메라 셔터를 여는
노광(Stepper Exposure)

웨이퍼에 회로도를 그리는
현상(Develop)

※포토 공정 방식: 설계한 전자회로 패턴이 그려진 포토마스크에 빛을 주어 웨이퍼에 전자회로 패턴을 찍어내는 공정.

이렇게 대량 생산한 집적회로를 사람들은 칩이라고 불렀다.

손에 든 게 뭐야?

칩!

한편 기술이 높아지면서 칩에 장착되는 트랜지스터의 수도 갈수록 늘어

옛날보다 단위 면적당 트랜지스터 수가 늘었어.

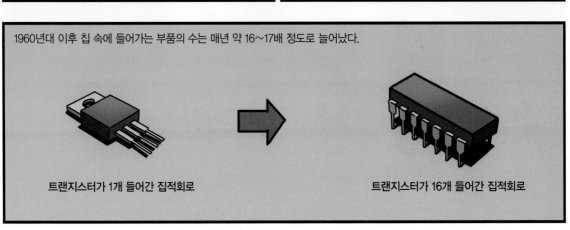

1960년대 이후 칩 속에 들어가는 부품의 수는 매년 약 16~17배 정도로 늘어났다.

트랜지스터가 1개 들어간 집적회로

트랜지스터가 16개 들어간 집적회로

예를 들어 1964년에는 사방 3mm의 칩 속에 트랜지스터와 기타 부품이 모두 10개 정도 들어갔지만 1970년에는 무려 1,000개의 부품이 같은 칩 속에 들어갔다.

집적회로(IC, 1958년)
=트랜지스터 약 100개

트랜지스터(1948년)
=진공관 1개

진공관(열전자관)

고밀도 집적회로(1988년)
=트랜지스터 약 4만 개

초고밀도 집적회로(1980년)
=트랜지스터 약 60만 개

이처럼 집적회로의 성능이 일정 기간을 두고 늘어나자 인텔의 공동창업자인 고든 무어는 이것을 하나의 규칙적 현상으로 보았다.

반도체 집적회로의 성능은 2년마다 2배로 증가합니다.

무어의 법칙

무어의 법칙은 반도체 집적회로의 성능이 2년마다 두 배로 증가한다는 법칙으로 인텔의 공동설립자인 고든 무어가 자신의 경험을 바탕으로 1965년에 《일렉트로닉스》라는 잡지에 논문을 실으면서 언급한 내용입니다. 집적회로의 성능은 곧 컴퓨터의 성능을 말하기에, 무한한 성장이 가능할 것이라는 낙관론의 상징이 되었습니다.

훗날 사람들은 이것을 일컬어 '무어의 법칙'이라 불렀다.

이제 2년이 지났으니 또 집적회로 성능이 두 배 뛰겠군.

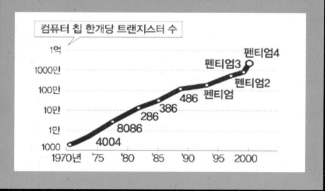

컴퓨터 칩 한개당 트랜지스터 수

1억
1000만 — 펜티엄4
100만 — 펜티엄3
10만 — 펜티엄2
1만 — 펜티엄
1000 — 486
386
286
8086
4004
1970년 '75 '80 '85 '90 '95 2000

※인텔: 반도체를 설계·제조하는 미국의 다국적 기업.

집적회로의 눈부신 발달은 컴퓨터의 성질을 바꾸고 전 세계의 산업을 변형시켰다.

1세대 컴퓨터

진공관 소자를 사용, 부피가 크고
전력 소비가 많은 게 특징

2세대 컴퓨터

트랜지스터를 사용

3세대 컴퓨터

집적회로를 사용하기 시작

그럼에도 불구하고 주당 28달러로 상장된 넷스케이프 주식은 당일 75달러까지 치솟았으며

넷스케이프 주식

75달러

28달러

그해 말에는 80달러가 넘는 폭등을 기록했다.

80달러

인터넷이 이렇게까지 인기를 얻을 줄이야.

이제 우리는 더 이상 컴퓨터와 인터넷이 없는 세상을 꿈꿀 수 없다.

정전이야!

트랜지스터는 불과 반세기 만에 섀넌이 예측한 것처럼 이 세상을 정보통신 사회로 바꿔놓았다.

내가 말했지. 미래는 정보 수집 사업과, 그것을 한 지점에서 다른 지점으로 전송하는 사업에 좌우될 거라고.

머빈 켈리의 말처럼 새로운 산업을 만들고 미래 경제를 구축할 수 있는 과학적 기초를 수립했다.

또한 정보통신 혁명의 결과로 공장에서 일하는 사람들을 인공지능이 대체하고 궁극적으로는 창의적인 일까지 하게 될 새로운 세상을 눈앞에 두고 있다.

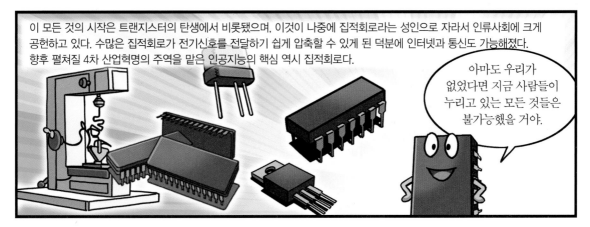

이 모든 것의 시작은 트랜지스터의 탄생에서 비롯됐으며, 이것이 나중에 집적회로라는 성인으로 자라서 인류사회에 크게 공헌하고 있다. 수많은 집적회로가 전기신호를 전달하기 쉽게 압축할 수 있게 된 덕분에 인터넷과 통신도 가능해졌다. 향후 펼쳐질 4차 산업혁명의 주역을 맡은 인공지능의 핵심 역시 집적회로다.

아마도 우리가 없었다면 지금 사람들이 누리고 있는 모든 것들은 불가능했을 거야.

8 장: 레이저와 광통신

대서양 횡단 무선통신의 성공 이후.

전선 없이 신호를 주고받는 무선통신은 우리 생활을 크게 발전시켰다.

무선통신 덕분에 라디오도 듣고. 세상 좋아졌어.

그러나 통신망의 주축은 여전히 유선통신이었다.

날 이기려면 아직 멀었지.

무선통신은 주파수 할당이나 혼선 문제가 있었기 때문이다.

여보세요? 여보세요?

반면에 유선통신은 상대적으로 깨끗하고 신뢰성 높은 전송이 가능했다.

어, 잘 들려. 꼭 옆에 있는 거 같아.

하지만 유선통신 역시 문제가 있었다.

내가 문제가 있다고?

전송 가능한 전자파가 한정돼 있고, 거리가 멀어질수록 신호가 원래보다 크게 줄어들었다.

신호가 너무 약해.

신호를 멀리 보내기 위해서는 중간중간에 중계기를 설치해야 했다.

중계기 때문에 돈이 너무 나가.

사람들은 좀 더 효율적이며 발전된 유선통신 방법을 찾았다.

중계기 없이도 안정적으로 통화할 수 있는 유선 전화는 없을까?

그 무렵 벨연구소 출신으로 유도 방출을 연구하던 찰스 타운스는

유도 방출을 이용해 메이저를 개발하는 데 성공했다

이게 바로 복사의 유도 방출에 의한 마이크로파의 증폭장치, 줄여서 메이저입니다.

찰스 타운스와 메이저

■ 찰스 타운스: 1915년 미국에서 태어난 타운스는 벨연구소에 입사한 후 레이더를 연구했으며 1948년 컬럼비아 대학 교수가 되었습니다. 타운스는 전시에 진행한 레이더 연구를 바탕으로 1951년 마이크로파 증폭 장치, 즉 메이저의 작동 원리를 구상, 1954년 암모니아 기체를 써서 메이저를 구현하는 데 성공했고, 1964년 이 공로를 인정받아 노벨물리학상을 받았습니다.

■ 메이저: 유도 방출로 얻어지는 전자기파를 공진관에서 증폭한 후 상자에 달린 작은 구멍을 통해 밖으로 나오도록 하는 장치를 말합니다. 우리에게 익숙한 레이저가 빛에 의한 것이라면, 메이저는 전파판이라고 할 수 있습니다. 레이저보다 먼저 발명된 일종의 고감도 증폭기입니다.

이후 1957년에 벨연구소는 통신 기능이 부가된 개량 메이저를 만들었다.

이번엔 통신 기능이 더해진 메이저입니다.

루디 콤프너는 이 메이저가 궤도를 도는 위성의 희미한 신호를 증폭시키기에 알맞다는 것을 알아챘다.

메이저의 감도와 충실도는 그 어떤 장치보다 뛰어나.

그럼 위성통신에 사용하면 되겠군.

※유도 방출: 들뜬 상태에 있는 원자나 분자가 외부에서 입사한 전자기파의 자극으로 생긴 빛을 방출하고 에너지가 낮은 상태로 전이하는 현상.

그는 메이저를 에코 통신위성에서 위성신호를 증폭시키는 데 사용했다.

오! 희미하던 위성신호가 메이저 덕분에 증폭됐어!

이 일 이후 과학자들은 메이저가 다양한 곳에 사용될 수 있다는 것을 깨달았다. 대표적인 인물이 타운스였다.

내가 처음에 만든 메이저는 높은 에너지 준위에 있는 암모니아 분자들을 모아준 후 이를 일시에 유도 방출시켜 강한 마이크로파가 방출되도록 하는 형태였어.

타운스는 마이크로파가 아닌 빛의 형태로 에너지를 방출할 수 있는 또 다른 메이저를 만들기 위해 노력했다.

하지만 마이크로파가 아닌 다른 형태로도 메이저를 만드는 게 가능할 거야. 새로운 메이저를 만들어볼래!

마이크로파

자외선, X선과 같은 전자기파의 한 파장으로 통신, 레이더, 음식물 조리 용도로 활용됩니다. 마이크로파는 초당 10억 사이클 주파수 대역 또는 1GHz부터 300GHz 대역을 가지고 있으며 30cm에서 1mm의 파장을 가지고 있습니다.

전자기파 스펙트럼

라디오파　마이크로파　　적외선　가시광선 자외선　X선　감마선

파장(m)
10^3 10^2 10^1 1 10^{-1} 10^{-2} 10^{-3} 10^{-4} 10^{-5} 10^{-6} 10^{-7} 10^{-8} 10^{-9} 10^{-10} 10^{-11} 10^{-12}

길다　　　　　　　　　　　　　　　　　짧다

1957년 타운스는 벨연구소에서 근무 중이던 처남 아서 숄로와 함께 마이크로파뿐 아니라 다른 빛도 증폭시킬 수 있는 새로운 메이저를 개발하기 위해 연구에 몰두했다.

분명 더 짧은 파장의 광선을 만들 수 있을 거야.

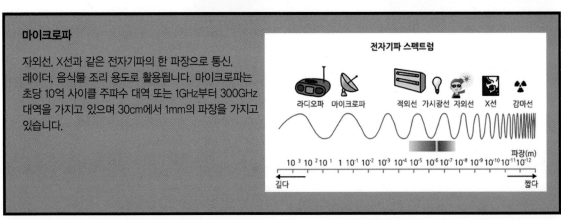

1953년 레이저를 발명한 찰스 타운스.

마침내 1958년, 타운스는 아서 숄로와 함께 가시광선을 사용한 메이저에 대한 논문을 발표했다.

마이크로파뿐만 아니라 가시광선으로도 메이저를 만들 수 있습니다!

그게 정말입니까?

아직은 이론에 불과하지만 곧 만들어 보이겠습니다.

그 무렵 벨연구소에서는 그의 아이디어를 '레이저'라는 이름으로 특허등록했다.

타운스의 아이디어에 어떤 이름을 붙이면 좋을까? 트랜지스터처럼 멋진 이름이 있으면 좋은데.

복사의 유도방출에 의한 빛의 증폭(Light Amplification by the Stimulated Emission of Radiation)의 머리글자를 따서 레이저(LASER)라고 이름 붙이면 어때?

오오~! 그거 좋은 생각이야!

타운스는 논문 발표 이후 후속 연구를 통해 발전된 메이저, 즉 레이저 발진장치의 개발을 앞두고 있었다.

이제 완성이 얼마 안 남았어.

타운스 박사님! 미국의 물리학자 시어도어 메이먼이 새로운 발진장치를 만들었답니다!

뭐?

1960년에 미국의 물리학자 시어도어 메이먼이 간발의 차이로 먼저 고체 레이저인 루비 레이저 발진장치를 만든 것이다.

크~ 우리가 한발 늦었어.

결국 레이저 발진장치의 최초 발명자 타이틀은 미국의 물리학자 시어도어 메이먼에게 돌아갔다.

타운스와 숄로는 기체를 사용하여 레이저 발진을 지속시키는 쪽으로 연구를 했다.

우린 발진장치를 만드는 데 기체를 이용할 거야.

반면에 메이먼은 투명 사파이어에 약간의 크롬이 용해되어 있는 루비 고체 결정 막대의 주위에 방전관을 이용해 순간적으로 빛을 비추는 방법을 이용했다.

완전히 은으로 된 거울
루비 실린더
섬광등
Q-스위치 조정
일부분이 은으로 된 거울
레이저 빔
전력
냉각장치

레이저

이러한 이유로 메이먼이 만든 발진장치는 연속적인 빛줄기를 만들어내지 못했다.

레이저가 나오긴 하지만 연속적이진 않네.

치익

타운스 말대로 기체를 이용한 발진장치를 만드는 거야.

레이저 발진장치의 구조

레이저 발진장치는 가늘고 긴 공진기 양쪽에 거울을 달고 있는 형태로 되어 있습니다. 그 사이에 고체, 액체, 기체, 반도체, 자유전자 등의 레이저 매질을 채우고 외부에서 에너지를 넣어 주면 이 레이저 매질에서 빛이 발생합니다. 이때 발생하는 빛이 거울과 부분거울로 구성된 공진기 안에서 유도방출을 일으켜 증폭되어 강력한 레이저 광선이 됩니다.

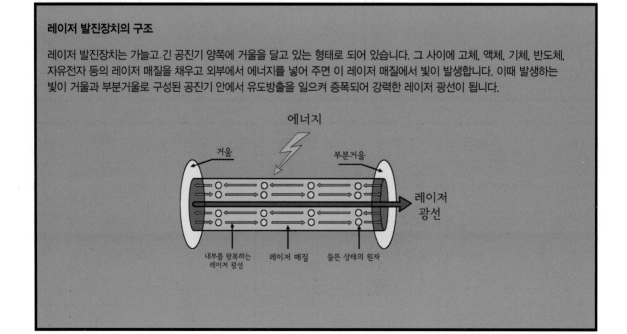

에너지

거울
부분거울
레이저 광선

내부를 왕복하는 레이저 광선
레이저 매질
들뜬 상태의 원자

이듬해 헬륨-네온을 이용한 최초의 기체 레이저를 만드는 데 성공했다.

드디어 완성이다!

이것이 바로 헬륨-네온 레이저 발진장치입니다! 연속적으로 빛이 나옵니다!

와아아!

이 연구를 시작으로 레이저 경쟁 개발 붐이 일어나 1962년에는 반도체 레이저가, 뒤를 이어 유기액체 레이저, 색소 레이저까지 발명되었다.

레이저의 발명으로 장거리 통신에 빛을 이용할 수 있다는 이론이 입증되었다.

레이저의 직진성은 아무도 막을 수 없어.

그렇다면 이걸 통신 기술에 적용시키면 지금까지 없던 혁신적인 무선통신 기술을 만들 수 있을 거야.

과학자들은 레이저가 당시의 통신과 비교했을 때 수천 배 이상의 정보를 전달하는 새로운 통신 수단이 될 수 있다고 믿었다.

레이저로 새로운 통신 수단을 만들어낼 거야.

벨연구소의 과학자들도 예외가 아니었다.

굉장해! 레이저는 마이크로파를 이용하는 경우보다 많은 신호나 정보를 동시에 보낼 수 있고, 높은 보안성을 유지할 수 있어.

레이저로 만들 수 있는 빛의 엄청난 정보 수용력을 전화나 데이터, TV신호 전송에 사용하는 방법만 알아내면 통신 혁명을 기대할 수 있을 거야!

사람들은 앞다투어 레이저를 이용한 통신 연구에 뛰어들었다.

내가 먼저 할래!

레이저

천만에! 내가 먼저야!

1964년에 레이저의 굴절률 분포를 높여 빛을 보낼 수 있는 광전송로가 제작되었다. 그러나 전송 손실률이 너무 커서 실용화되기는 어려웠다.

뭐야. 빛이 다 사라지고 도착한 건 얼마 안 되잖아.

역시 안 되는 건가?

천만에! 적은 손실로 빛신호를 장거리 전송할 수 있는 도파관을 만들면 돼!

도파관? 그게 뭔데?

도파관이란 마이크로파 이상의 높은 주파수(1GHz 이상)의 전기에너지나 신호를 전송하기 위한 전송로를 뜻해.

그러니까 간단히 말해서 손실이 일어나지 않는 케이블을 만들라는 말이지?

바로 그거야!

레이저를 안전하게 전송할 수 있는 도파관을 만들기 위한 노력이 시작됐다.

도파관

도파관

도파관

도파관

1966년, 해결의 실마리는 벨연구소가 아닌 ITT 영국 지사에서 근무하던 중국계 미국인 과학자 찰스 가오 로부터 제시되었다.

안녕, 내가 바로 찰스 가오야.

그는 1966년에 발표한 논문에서 유리로 된 섬유를 레이저신호의 전송로로 쓸 것을 주장했다.

제가 연구해본 결과 투명 광섬유에 레이저빛을 실어 보내면 먼 거리까지 안전하게 보낼 수 있습니다.

뭐? 광섬유를 이용한다고?

그게 가능해?

제 연구에 따르면 가능합니다.

가오는 직경이 빛의 파장 백 배 정도 되는 원통형 유리섬유를 만들고,

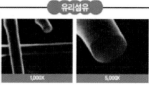

유리섬유

1,000X   5,000X

유리섬유는 인조 무기질 비결정체로 평균 직경이 5㎛이상이다. 분쇄 시 횡방향으로 절단되어 직경의 변화가 없으며, 섬유의 직경이 크기 때문에 인체 내 흡입이 불가능하다.

유리섬유의 굴절률을 높이면 전반사 현상으로 빛이 중심축에서 벗어나지 않는다는 점과 굴절률 높은 부분의 크기를 파장 크기 정도로 작게 하면 빛의 경로가 여럿 생기지 않고 하나로 되어 장거리 전송이 가능하다는 점을 이용한 광섬유 케이블을 만들 것을 제안했다.

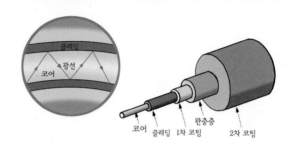

클래딩
광선
코어

코어 클래딩 1차 코팅 완충층 2차 코팅

하지만 당시 이 이론을 근거로 만들어진 광섬유는 여전히 손실이 커서 사실상 장거리 전송이 불가능했다.

에이~ 뭐야. 이것도 먼 거리는 안 되잖아.

역시 이건 틀렸어. 기대한 우리가 바보지.

잠깐!

광섬유의 손실은 광섬유를 잘못 만들었기 때문이지 잘만 만들면 장거리 전송이 가능합니다.

그게 정말입니까?

광섬유의 불순물 때문에 손실이 발생한 것입니다.

찰스 가오(1933~2018)

중국 상하이에서 태어난 미국의 물리학자입니다. 1966년에 발표한 논문에서 유리로 된 섬유를 레이저신호의 전송로로 쓸 것을 주장했습니다. 광섬유를 이용한 통신 분야 개척의 공로를 인정받아 2009년 노벨물리학상을 수상했습니다.

그래, 불순물이 없는 투명한 유리를 이용하면 손실을 훨씬 낮출 수 있어. 그러면 고속신호를 전송하는 게 가능할 거야.

불순물이 없는 유리섬유로 레이저의 도파로를 만들려는 경쟁이 시작됐다.

결국 해결책은 유리를 만드는 기술에 달려 있어.

벨연구소 역시 광통신의 가치에 대해 주목하고 있었다.

우리도 광통신의 중요성에 대해 이미 알고 있었다고.

그들은 세계적인 통신 시스템을 전파 위주에서 광통신으로 바꾸려면 몇 가지를 개발해야 한다는 것도 알고 있었다.

광통신 시스템이 구현되려면 아직 몇 가지가 부족해.

첫째는 레이저였다. 당시에 존재하던 레이저로는 그들이 원하는 광통신이 불가능했다.

이 레이저로는 안 돼.

이유가 뭐죠?

왜냐하면 그들에게 필요한 레이저에는 몇 가지 조건이 있었는데, 우선 내구성이 좋아서 몇 년 정도는 레이저빔을 뿜을 수 있어야 했다.

최소 몇 년은 일정하게 빔을 내뿜어야만 사업성이 있어.

둘째, 통신에 적합한 주파수를 내야 했다.

레이저가 통신에 알맞은 주파수를 내야 해.

그러나 통신에 가장 적합한 주파수를 발생시키는 레이저 물질을 알지 못해 기술적 한계에 갇혔다.

이것도 아니야! 다 틀렸어!

셋째, 과열에 대비해 냉각시킬 필요 없이 상온에서 작동해야 했다.

상온에서도 원활히 작동해야 해.

마지막으로 새로운 레이저 발진장치는 탁자에 올려놓을 정도의 크기여야 하며, 트랜지스터처럼 작고, 반도체처럼 고체 물질로 만들어야 했다.

무슨 조건이 이렇게 많아.

안 할래!

다행히 벨연구소가 원하던 레이저는 생각보다 빨리 구현됐다.

이런 조건들을 만족하는 레이저가 발명됐다고??

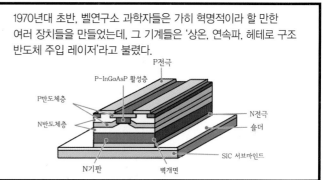

1970년대 초반, 벨연구소 과학자들은 가히 혁명적이라 할 만한 여러 장치들을 만들었는데, 그 기계들은 '상온, 연속파, 헤테로 구조 반도체 주입 레이저'라고 불렸다.

P전극
P-InGaAsP 활성층
P반도체층
N반도체층
N전극
솔더
SIC 서브마인드
N기판
벽개면

이 긴 이름을 가진 기계들은 크기가 모래알만큼이나 작았다.

레이저 장치가 어디 있다는 거야?

바보! 네가 밟고 있잖아!

더욱 중요한 것은 이 장치에서 만들어지는 지속적인 빔을 다수의 전자신호로 전환할 수 있다는 점이었다.

파팟!

심지어 이 1,000만 번의 전자 파동은 단 1초 만에 전송됐다.

방금 1,000만 번의 전자 파동이 일어났습니다.

네?! 믿을 수 없어!

이렇게 벨연구소는 멋진 레이저 발진장치를 완성하는 데 성공했다.

드디어 원하던 레이저를 얻었어!

축하해요!

하지만 여전히 레이저 파동을 멀리 전송할 수 있는 매개체를 만드는 데는 실패했다.

근데 이 레이저를 보낼 도파로는 아직 못 만들었어.

크으~ 그게 뭐야? 요새 유행하는 광섬유도 몰라?

벨연구소는 광통신을 하려면 광섬유를 이용해야 한다는 점을 잘 알았다.

벨연구소는 광섬유를 만드는 과정도 뛰어났다.

일단 만들고자 하는 섬유의 기본 구성은 별로 문제되지 않아.

인간의 머리카락보다 조금 두꺼운 유리 가닥은 극도로 순수한 두 가지 성분으로 구성되지.

안쪽에는 고체로 된 유리 코어가 들어가고, 그 바깥으로 유리의 '껍질'이 씌워져.

이때 코어와 껍질은 아주 큰 차이가 있는데, 바로 껍질의 굴절률이 코어의 굴절률보다 조금 작다는 점이야.

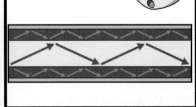

때문에 코어를 따라 보내지는 빛의 파동이 껍질을 벗어나 흩어지지 않게 해주지.

오~ 잘 알고 있네요! 근데 왜 광섬유를 만드는 데 매번 실패하는 거죠?

그게 사실은…

섬유 물질을 만들 때 궁극적인 목표는 투과율이야. 그래야만 빛이 방해받지 않고 지나갈 수 있지.

투과

흡수

그런데 이 투과율 문제를 해결하지 못하겠어.

먼저 섬유가 지나치게 '흡수'를 하는 경우가 있는데, 이는 유리에 섞여 있는 니켈이나 철 같은 불순물을 따라 너무 많은 양의 빛이 빠져나간다는 뜻이었다.

안 돼! 불순물이 많아서 실패야!

또 하나의 문제는 '분산'이었다. 분산의 경우 주로 유리 결정 자체의 극미한 공기 방울이나 갈라진 틈 같은 결함 때문에 발생했다.

유리 결정에 틈이 생겼어! 또 실패야!

결국 문제를 해결하지 못해 괴로워하던 벨연구소는

뭔가 방법이 없을까?

바로 이거야!

코닝사 최초의 광섬유 개발

1970년대 초반, 코닝이라는 업체와 섬유 생산에 대한 특허권을 공유하겠다고 합의했다.

앞으로 잘 해보십시다.

벨   코닝

코닝사(社)

1879년 토마스 에디슨의 백열전구를 감싸는 유리구 제작을 시작으로 만들어진 유리 전문 기업입니다. 유리와 관련한 다양한 기술 발전을 통해 특수한 유리를 제조해왔습니다. 대표적인 제품으로는 TV브라운관, 레이더 장비 부품, 광학 및 안경 유리, 우주선의 유리창 제작 등이 있습니다. 1970년 오늘날 통신망의 토대가 된 저손실 광섬유를 최초로 개발한 것으로 유명합니다.

이후 수년 간의 연구 끝에 두 회사는 흡수와 분산을 줄이는 복잡한 방법을 알아내기 위해 노력했다.

코닝의 도움을 받아 문제를 해결해야지.

벨연구소는 점점 더 선명한 유리 섬유를 만들었다.

이게 유리라고?

마침내 놀라울 정도로 선명한 유리 섬유를 만드는 데 성공했다.

오오! 드디어 성공이야!

몇 년 뒤 코닝과 벨연구소가 만들어낸 선명도 높은 유리는, 몇 km 두께 너머에서도 마치 판유리 몇 장 너머를 보는 것과 비슷한 투과율을 자랑하게 됐다.

투과율이 엄청나게 좋아.

또한 그 유리섬유는 신축성이 좋아서 배관으로 땅속에 묻는다든지 건물에 케이블 다발로 쓸 때 필수적인 요소가 되었다.

신축성이 좋아서 이리저리 구부려도 상관없어.

와아!

하지만 1975년까지도 모든 문제가 해결된 것은 아니었다.

무슨 문제가 또 남았지?

그도 그럴 것이 광섬유를 만드는 일은 여전히 매우 어려웠다.

만드는 과정이 너무 복잡하고 어려워.

레이저는 늘 오래가는 것은 아니어서 가끔 몇 천 시간을 못 버티고 타버리기도 했다.

레이저 발진장치가 또 타버렸어.

설비하는 데 드는 비용이 구리선보다 훨씬 비쌌다.

구리선 쪽이 설비비가 훨씬 더 저렴해. 이래서는 사업성이 없어.

무엇보다 광섬유 케이블은 일정 거리 이상을 가면 전화신호가 약해지는 단점이 있었다.

멀어지니까 전화신호도 약해지네.

결국 이 문제를 해결하기 위해서 신호를 증폭시키는 중계기가 필요했다.

신호를 증폭시켜줄 중계기가 필요해.

광섬유 중계기

광섬유를 통해 장거리 전송을 하기 위해서는 수십 km마다 중계기를 통해 신호를 재생해야 했습니다. 광신호에서 신호를 찾아내 새로운 광원에 다시 신호를 싣는 과정에는 신호의 광/전 변환(광신호에서 전기신호로 변환)에 이은 전/광 변환(전기신호에서 광신호로 변환)이라는 복잡한 절차가 필요했습니다. 이 때문에 이를 수행하는 광중계기의 가격이 너무 비싸 장거리 전송 설비의 가격도 매우 높았습니다.

1986년. 영국 사우스햄프턴 대학의 리키, 풀 그리고 미어즈는

이것만 있으면 신호를 증폭시키는 건 문제없어.

어븀 도핑 광증폭기(EDFA, Erbium-doped fiber amplifier)라는 이름의 증폭기를 발명하여 광섬유 통신의 새로운 전기를 마련했다.

만세! 자네들 덕분에 장거리 설비 가격이 뚝 떨어졌어!

다음 해 벨연구소는 중계기 없이 광증폭기만으로 수백 km가 넘는 장거리 전송이 가능한 기술을 개발했다.

저희들은 중계기 없이도 전송이 가능합니다.

중계기가 없어도 된다고?

이로써 저렴한 가격에 장거리 통신에도 안전한 새로운 무선통신 시대가 열렸다.

수백 km가 넘는 거리를 전송해도 신호가 전혀 약해지지 않아.

삐리리

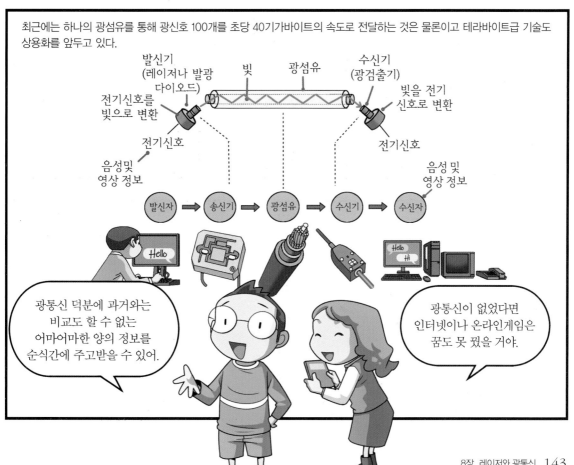

최근에는 하나의 광섬유를 통해 광신호 100개를 초당 40기가바이트의 속도로 전달하는 것은 물론이고 테라바이트급 기술도 상용화를 앞두고 있다.

광통신 덕분에 과거와는 비교도 할 수 없는 어마어마한 양의 정보를 순식간에 주고받을 수 있어.

광통신이 없었다면 인터넷이나 온라인게임은 꿈도 못 꿨을 거야.

9장. 절반의 성공으로 끝난 이동통신 개발

15년 만에 발전의 정점을 찍을 정도로 빠르게 개발된 레이저와 달리 휴대전화는 아주 오랜 기간 동안 천천히 개발되었다.

나 먼저 간다!

휴대전화의 시초는 20세기 초반에 처음 등장한 선박과 육지 사이의 전화로 거슬러 올라간다.

1929년부터 시작된 휴대전화 서비스는 원양 정기선에 이용됐다.

이걸 이용하면 육지와 전화통화가 가능하대.

정말?!

나도 한 통 해봐야지!

하지만 이 사업은 결코 많은 사용자들을 위해 개발된 것은 아니었다.

안 돼!

그저 일주일 이상을 배 안에 갇혀 있어야 하는 소수의 부유한 고객들을 만족시키기 위해 고안된 것이었다.

어, 나 지금 바다 위야. 왜 전화했냐고? 그냥 심심해서.

이 기술의 원리는 배 안의 승객이 전파를 통해 해안으로 전화를 걸면, 해안에 있는 거대한 안테나가 신호를 받아 전화 시스템에 연결해주는 방식이었다.

한편 육지에서는 이보다 조금 빨리 휴대전화 서비스가 시작되었는데

이것보다 더 빠른 휴대전화 서비스가 있었다고?

첫 이동통신을 이용한 곳은 1921년, 디트로이트 경찰서였다.

여기가 휴대전화 서비스를 최초로 이용한 곳이지.

당시 처음 설치된 이동통신 장비는 경찰 차량에 설치돼 업무용으로만 쓰였다.

지금 범인이 5번가를 지나가고 있다. 지원 요청 바란다.

덕분에 경찰관들은 순찰차 안에서 다른 순찰차에 탑승해 있는 동료에게 전화를 걸어 일의 능률을 올릴 수 있었다.

크으으~ 휴대전화만 없었어도.

하지만 당시에는 발신자가 휴대전화로 직접 통화를 할 수는 없었다.

근무 중인 제임스 경사와 전화하고 싶은데요.

동료에게 전화를 하려면 경찰서의 교환대를 통해 추가 장치를 설치해야만 합니다.

전화 한 통 하는 게 뭐가 이렇게 복잡해.

이후 제자리걸음을 하던 휴대전화 사업이 큰 발전을 맞이하게 된 건 2차 세계대전 때문이었다.

2차 세계대전 발발!

깜짝이야.

정부에서는 벨연구소에 무선통신과 관련한 각종 요구를 했고

저것도 만들어!

빨리 만들어!

이것도 만들어!

네, 네, 네.

정 부

벨연구소는 군의 명령에 따라 탱크 및 비행기용 통신 시스템을 만들어야 했다.

그러는 사이 시카고 외곽의 작은 통신회사인 모토로라에서는 투박한 '핸디 토키'라는 군인용 통신 장비를 만드는 데 성공했다.

저건 뭐야?

성능이 아주 좋은데.

우리가 한발 늦었군. 제법인데.

이 휴대용 통신 장비는 유럽과 아시아는 물론 북아프리카 일대에서 전장 통신의 성격과 군사적 즉각 명령의 성격을 완전히 바꿔놓았다.

핸디 토키 덕분에 전쟁에서 이겼어.

명령이 제때 전달되지 않으니 이길 수가 있나!

전쟁이 끝나자 전자업계의 경영인들은 모토로라가 선보였던 무선통신 기술에 눈독을 들였다.

이런 휴대용 장비는 전쟁터뿐만 아니라 일반 사회에서도 인기를 얻을 수 있을 거야.

벨연구소도 예외는 아니었다.

우리도 휴대전화 사업을 해야지.

1945년. 머빈 켈리는 벨연구소와 AT&T의 자가용 소유자들을 대상으로 휴대전화 판매 사업 계획을 세웠다.

우린 자동차 주인들을 상대로 휴대전화를 팔 겁니다.

왜 하필이면 자동차 소유자를 대상으로 하는 거죠?

왜냐하면 휴대전화를 사용하기 위해서는 아주 무거운 장치가 필요하거든요.

허걱!

그러나 초기에 만든 모델은 트렁크에 기계를 실어놓고 운전자 옆에 수화기를 연결한 형태로 사람들의 큰 호응을 얻지는 못했다.

이게 뭐야? 너무 크고 무겁잖아.

다행히 장비는 시간이 가면서 서류 가방 정도의 크기가 되어 자동차 좌석 아래쪽에 설치할 수 있는 수준이 되었다.

이제야 쓸 만하군.

그러나 이때의 휴대전화는 지금처럼 휴대전화끼리의 통화가 아니라 교환원에게 전화를 걸면 교환원이 대신 연결해주는 시스템이었다.

알렉스에게 전화 연결 부탁해요.

네, 잠시만 기다려주세요.

게다가 가격이 너무 비싸 1940년대 후반에는 한 달 기본 사용료가 15달러에 달했고, 전화를 1분 사용할 때마다 15센트씩 요금이 부과됐다.

관둘래. 전화 걸다 파산하겠어.

※1940년대의 15달러는 2010년 기준으로 145달러에 해당된다.

하지만 가장 큰 단점은 따로 있었다.

비싼 비용보다 더 큰 단점이 뭐지?

그것은 FCC가 휴대전화에 대해 FM라디오 주파수를 조금 웃돌 정도로 소량의 전파 스펙트럼만 할당했다는 점이다.

주파수가 너무 적어서 휴대전화를 이용할 수 있는 무선 채널이 몇 개 없어.

FCC

1934년 통신법에 따라 제정된 단체로, 우리말로 번역하자면 미국연방통신위원회라고 할 수 있습니다. 라디오는 물론 텔레비전 방송 그리고 각 주의 전자통신(유선, 위성, 케이블) 및 미국 안에서 이뤄지는 모든 국제통신의 사용을 규제·감독하며 사법 기능도 담당하는 기구입니다.

이것은 전화를 할 수 있는 채널이 매우 한정돼 있다는 뜻으로 당시 맨해튼의 경우 전체에서 동시에 사용할 수 있는 자동차 전화는 기껏해야 12대에 불과했다.

이 넓은 도시에서 휴대전화를 사용할 수 있는 차가 고작 12대밖에 없다니.

결국 휴대전화 사업을 키우기 위해서는 두 가지 조건이 필요했다.

이걸 어떻게 키우지?

첫 번째는 더 나은 기술을 개발하는 것이었고

해결 방법은 기술 개발뿐이야.

두 번째는 FCC에 부탁해 보다 많은 주파수를 배정받는 것이었다.

부탁드립니다.

이에 따라 벨연구소는 FCC 측에 전파 주파수 스펙트럼은 모두가 사용할 수 있는 공공 자원이라는 점을 강조했다.

즉 FCC는 이 자원을 관리하는 주체로서 어떻게 하면 보다 사회 공익에 부합하는가를 생각해야 한다고 주장했다.

부디 주파수를 어떤 곳에 이용하는 게 사회 공익에 더 도움이 되는지 생각해주세요.

벨연구소는 FCC에서 더 많은 전파 스펙트럼만 할당해준다면

받아. 선물이야.

헉! 이렇게 많은 전파 스펙트럼을!

그들의 휴대전화 시스템의 수용력이 높아질 것이고

전파 스펙트럼이 넓어진 덕분에 휴대전화를 이용할 수 있는 사람이 많아졌어!

그렇게 되면 자동차 전화는 훨씬 더 많은 인기를 누릴 것이라고 확신했다.

아~ 안타깝네. 더 많은 전파만 주면 지금보다 훨씬 많은 가입자가 생길 텐데.

실제로 일부 도시에서는 자동차 전화를 설치하려는 대기자들이 넘쳐났다.

거기 새치기 하지 맙시다!

결국 사업성이 있다고 판단한 AT&T는 1947년 FCC에 이미 휴대전화 사용자들이 쓰고 있는 주파수보다 약간 높은 수치의 주파수인 극초단파(UHF)대의 스펙트럼을 더 할당해달라고 진정서를 넣기 시작했다.

휴대전화에 사용할 전파 좀 주세요.

극초단파(UHF)

극초단파란 전자기파의 주파수가 300MHz에서 3.0GHz 사이에 할당된 전자기파를 의미합니다. 극초단파의 특징은 전리층에서 반사되지 않고 지표면의 표면파로 인해 급격하게 감쇄하기 때문에 직진하는 공간파에 의해 단거리 통신으로 주로 이용된다는 점입니다. 파장이 짧고 안테나를 소형화할 수 있기 때문에 이동통신용으로 적합합니다.

이를 위해 벨연구소의 더그 링과 동료 래 영이 기술 관련 제안서를 작성하기로 했다.

우리가 만든 제안서에 벨연구소 휴대전화 개발의 미래가 달렸어.

드디어 완성이야!

제안서를 사람들에게 알리자!

그러나 불행히도 그들이 제안서를 쓴 시기는 바딘과 브래튼이 트랜지스터를 완성하고 클로드 섀넌이 정보 이론 논문을 냈던 시기와 겹쳐 아무도 그 둘에게 관심을 보이지 않았다.

저, 저기 휴대전화 제안서를 완성했는데…

앗! 저기 섀넌이다!

우리에겐 아무도 관심이 없어.

그러게.

하지만 다행스럽게도 그들이 만든 제안서에는 아주 흥미로운 아이디어 하나가 들어 있었다.

오~ 이런 생각지도 못한 아이디어가 있다니.

그건 바로 휴대전화 서비스를 위해 고성능 안테나 하나를 도시 중앙에 배치하는 것보다 여러 개의 저출력 안테나를 넓게 퍼뜨리는 게 좋다는 것이었다.

사실 이전까지는 도시에서 가장 높은 언덕이나 건물에 강력한 안테나를 설치해, 그 일대에서 휴대전화를 사용하는 방법을 애용했다.

이거 하나면 도시 전체를 책임질 수 있을 거야.

하지만 이 방법은 휴대전화의 성능을 떨어뜨리고 효율적이지 못했다.

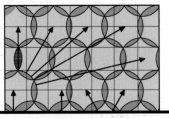

생각보다 성능이 안 좋네. 뭔가 더 좋은 방법이 없을까?

더그 링과 래 영은 이런 문제를 해결하기 위해 하나의 고출력 안테나 대신 여러 개의 저출력 안테나 설치를 제안했다.

우리는 큰 안테나를 세워 큰 원을 만들기보다, 작은 안테나로 작은 원을 만들어 서로 겹쳐지는 벌집 형태를 만들 것을 제안합니다.

이렇게 하면 한정된 전파 스펙트럼을 효율적으로 사용할 수 있고 심지어 재사용도 가능합니다. 또 지금보다 작은 통신 구역이 많이 생기면서 훨씬 더 많은 전화통화를 할 수 있습니다.

이 벌집 같은 구조는, 일단 이 규칙이 반복되기 시작하면 같은 방식을 사용해 인접 지역으로 6각형을 한없이 퍼뜨릴 수 있는 장점이 있었다.

히익, 셀이 한없이 늘어나고 있어!

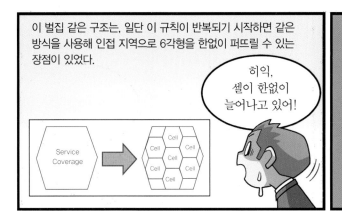

셀(Cell)

셀은 이동통신에서 하나의 기지국이 포괄하는 지역을 가리키는 개념입니다. 휴대전화를 뜻하는 영어 셀룰러 폰(cellular phone)이 여기에서 유래했습니다.

결국 이 방법은 휴대전화의 수용력이 커져, 휴대전화를 지역에서만이 아니라 전국적으로 사용할 수 있도록 만들었다.

비록 당시에는 몰랐지만 그들의 제안은 어디에서나 휴대전화 시스템을 이용할 수 있는 방법의 윤곽을 잡은 것이었다.

더그 링과 래 영의 제안서가 아니었으면 오늘날의 휴대전화 시스템은 없었을 거야.

이제야 우릴 인정해주는군.

이렇게 만들어진 제안서는 FCC에 전파 스펙트럼을 좀 더 할당해달라는 부탁의 일환으로 제공되었다.

우리에게 여분의 주파수를 내주면 바로 기술을 진행할 준비가 돼 있습니다. 장담하건대 많은 사람들이 통합 휴대전화 시스템을 사용하면 그 효과는 엄청날 겁니다.

하지만 FCC의 생각은 벨연구소의 생각과 달랐다.

휴대전화 시스템?

그런 게 큰 효과가 있을까?

밥이나 먹으러 가죠.

결국 그들은 1950년대 후반, 새로운 전파 스펙트럼을 벨연구소 쪽에 제공하기보다 텔레비전 방송국에 할당했다.

너 가져.

엥? 우리가 아니고?

방송국들은 이때 받은 UHF 주파수로 80개의 새로운 채널을 만들었다.

우리에겐 주파수를 안주고 텔레비전 방송국에만 주다니! 너무해!

이 결정으로 위성통신의 가능성을 최초로 언급했던 벨연구소의 존 로빈슨 피어스은 매우 화가 났다.

으휴! 답답하군. 무선전화는 언젠가 트랜지스터 라디오처럼 작아지고 휴대도 가능하게 될 텐데. 미래를 내다보지 못하다니.

그도 그럴 것이 만약 이 주파수를 TV가 아닌 휴대전화 서비스로 사용했다면, 같은 주파수대에서 8,000개나 80,000개의 전화 채널을 신설할 수 있었다.

캬~ 순식간에 휴대전화 사업이 발전할 기회였는데.

이후 수십 년간 피어스와 AT&T의 여러 경영진은 FCC의 결정을 바꾸기 위해 노력했다.

다시 한번 생각해보시죠.

하지만 아무런 소용이 없었다.

그러던 중 FCC가 휴대전화에 대한 제안을 재검토할 것이라는 소문이 흘러나왔다.

정말?

네, 새로 만든 텔레비전 프로그램이 내용도 재미없고 시청자도 적어 FCC에서 실망했다는 소문입니다.

1967년 실제로 FCC의 상황은 바뀌었고 FCC위원회는 심각하게 휴대전화를 고려했다.

음… TV는 아무래도 망한 것 같아. 이 주파수를 다른 일에 쓰는 건 어떨까?

주파수

벨연구소는 즉시 준비에 들어갔다.

FCC에서 연락이 오면 즉시 휴대전화 사업을 시작할 수 있도록 준비하게!

네!

그 무렵 벨연구소에서 일하던 프렌키엘은 전화를 걸면 정확한 날짜와 시간을 알려주는 전화 녹음 메시지가 나오는 기계를 만들고 있었다.

지금 시각은 5시 7분입니다.

그러던 중 1966년 1월. 프렌키엘의 상사가 다른 프로젝트를 들고 그를 찾아왔다.

FCC가 실망스러운 결과만 준 극초단파 텔레비전 대신 휴대전화 서비스를 고민하고 있으니 보고서를 만들어보게.

근데 이건 뭐죠?

그건 더그 링과 래 영이 1947년에 작성한 제안서야.

오! 굉장한 아이디어야. 잘만 하면 성공하겠어.

이후 프렌키엘은 필 포터라는 엔지니어와 팀을 이뤄 휴대전화 시스템에 대한 아이디어를 정리해나갔다.

언제든지 휴대전화의 위치를 추적할 수 있는 시스템을 개발할 수 있을까?

문제는 그것만이 아니에요. 송수신에 관련한 기술적인 문제와 신호의 세기와 혼선, 채널의 너비에 대해서도 생각해야 해요.

그 결과 그들은 생각지 않던 몇 가지 문제점을 발견했다.

휴대전화 사업

첫 번째 문제는 육각형 통신 셀이 얼마나 커야 하는지에 대한 것이었다.

기지국 안테나는 비싸. 그러니 안테나를 최소한으로 설치하면서도 고성능 시스템을 유지할 수 있는 방법이 무엇인지 알아내야 해.

문제는 그 최소한이라는 게 어느 정도 크기인지 하는 거야. 우린 아무도 이 일을 해본 경험이 없거든.

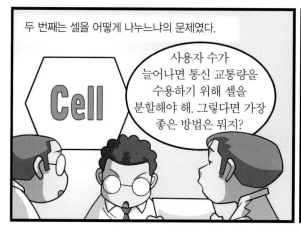

두 번째는 셀을 어떻게 나누느냐의 문제였다.

Cell

사용자 수가 늘어나면 통신 교통량을 수용하기 위해 셀을 분할해야 해. 그렇다면 가장 좋은 방법은 뭐지?

세 번째 문제는 하나의 셀에서 다른 셀로 통화를 전환하는 것이었다.

어떤 타이밍에 어떤 방법을 사용해야 통화가 끊기지 않고 셀과 셀 사이를 이동할 수 있을까?

다행히 오랜 노력 끝에 프렌키엘과 필 포터는 셀의 크기와 분할, 전환에 대한 대략적인 해답을 찾아가고 있었다.

이렇게 해보면 어떨까요?

좋은 생각이야.

Cell

그 즈음, 프렌키엘과 필 포터는 벨연구소에 새로 입사한 조엘 엥겔을 만났다.

안녕.

반가워.

엥겔은 명석하고 고집스럽고 에너지가 넘치는 기술자로서

헉! 에너지가….

누구보다 휴대전화 기술에 관심이 많았다.

좀 쉬었다 해.

그런 열정 덕분인지 엥겔은 얼마 뒤 통화구역 프로젝트 설계 기획팀의 총괄을 맡아 휴대전화 사업을 본궤도에 올려놓는 데 크게 기여했다.

나를 따르라!

와아아!

한편 1968년 여름, FCC는 UHF텔레비전에서 사용하던 채널 일부를 다시 벨연구소에 할당해줄 수 있다고 공식적으로 알려왔다.

원하는 대로 채널 일부를 제공하겠습니다.

이 채널을 어떻게 사용할지 제안서를 주십시오.

오, 예!

FCC

이것은 벨연구소에 다시 없을 기회였다.

지금이야! 이때를 놓치지 말고 휴대전화 사업을 추진해!

하지만 벨연구소의 일부 직원들은 프렌키엘과 포터, 엥겔의 초기 기획을 보고 시스템이 휴대전화 가입자를 찾지 못하고 전화를 연결하지 못할 것이라고 우려했다.

휴대전화라니? 그런 게 정말 가능할까? 너무 비싸서 사용할 사람도 없을 것 같아.

실제로 1971년에 진행된 마케팅 연구에서는 '돈을 주고 휴대전화를 살 사람은 없다'는 결과가 나오기도 했다.

이게 저희가 조사한 결과입니다.

산다 / 안 산다

그러나 프렌키엘과 포터, 엥겔은 이런 의견에 동의하지 않았다.

마케팅 연구는 이미 존재하고 있는 제품의 수요에 대해서만 예측할 뿐입니다.

다행인 것은 사업성을 걱정하던 사람들도 휴대전화의 한 가지 장점은 알고 있었다.

뭐, 그래도 한 가지 장점은 있지.

그게 뭔데?

휴대전화는 일반전화와도 통화할 수 있지.

맞아. 그리고 휴대전화 사용자들이 이동하면서 통화할 수 있다는 것도 장점이야.

특히 엥겔은 마케팅 담당자나 일부 경영진들의 우려에도 불구하고 강한 확신을 갖고 있었다.

기술은 이미 완성돼 있습니다. 다만 누가 해낼지, 얼마나 빨리 완성시킬지에 대한 문제만 남아 있을 뿐이죠.

사실 일부 직원들의 걱정처럼 벌집 모양의 통화구역을 통해 사용자가 움직이는 위치를 파악하고, 통화신호 세기를 모니터링하고, 사용자가 움직이는 동안 새로운 채널과 새로운 안테나 탑으로 통화를 전달하는 것은 결코 쉬운 일이 아니었다.

바쁘다, 바빠.

하지만 벨연구소에서 개발한 셀룰러 시스템은 이런 문제들을 효율적으로 해결할 수 있었다.

이게 다 셀룰러 시스템 덕분이지.

셀룰러 시스템(Cellular System)

휴대전화를 포함해 대부분의 이동통신은 아날로그 방식이든 디지털 방식이든 셀룰러 시스템을 활용하고 있습니다. 셀룰러 시스템은 이동통신 간 교환 기능을 수행하는 무선 교환국, 셀이라 불리는 일정한 범위의 크기를 갖는 무선 구역, 무선 구역에서 교환국과 사용자 단말기 사이에 송수신 기능을 담당하는 기지국, 그리고 사용자가 통신을 할 수 있게 해주는 모바일 단말기로 구성되어 있습니다. 셀룰러 시스템은 기지국이 소출력 안테나를 통해 13~20km 반경의 무선 구역, 즉 일정 범위의 셀만을 담당함으로써 일정한 거리를 두고 같은 주파수를 재사용할 수 있게 해주는 통신 방식이라고 할 수 있습니다. 이러한 셀룰러 시스템은 1947년 미국 벨연구소에 의해 최초로 개발이 시작되었고 1970년대 후반 이후 보편적인 이동통신 방식으로 널리 사용되었으며, 1990년대 이후에는 디지털 방식에도 적용되면서 오늘날까지 이어지고 있는 획기적인 무선통신 방식입니다.

다만 문제는 셀룰러 시스템을 가동하기 위해서는 이전에는 없던 새로운 통합 회로가 필요했다는 점이다.

셀룰러 시스템을 구현하려면 강력한 통합 회로가 필요한데, 이걸 어디서 구하지?

캘리포니아주 산타클라라의 반도체 회사 인텔에 '4004 마이크로프로세서'라는 혁신적인 통합 회로가 있다고 합니다.

그게 정말인가?

다행스럽게도 통합 회로는 프렌키엘이 휴대전화 연구를 시작하기 불과 몇 년 전에 개발된 상태였다.

4004 마이크로프로세서는 2,300개의 트랜지스터를 담고 있는, 작지만 강력한 컴퓨터입니다.

우리가 찾던 물건이야!

실리콘 칩으로 된 통합 회로에는 조그만 회로와 수천 대의 트랜지스터가 장착돼 있었다.

이제 됐어! 4004를 휴대전화 단말기에 넣으면 고도로 복잡한 연산을 처리할 수 있어.

4004 마이크로프로세서

1971년 발표된 4004는 CPU의 기능을 단일 칩에 구현한 최초의 마이크로프로세서입니다.

INTEL 4004
The first microprocessor

이 외에도 휴대전화를 가능하게 했던 또 다른 요소는 전화망의 새로운 전자 변환 기지인 ESS를 들 수 있다.

여긴 뭘 하는 곳이지?

본래 휴대전화는 몇 초마다 가장 가까운 기지국 안테나에 디지털 신호를 보내.

그러면 기지국은 그 정보를 다시 이동변환센터에 보내지.

그런데 방대한 양의 데이터가 휴대전화, 기지국, 이동변환센터 사이를 항상 왔다 갔다 하고, 누가 어디 있는지 계속해서 추적하려면 변환 시스템이 기지국과 연계해서 소통해야 해.

이 변환을 중심에서 통제하는 사무소가 바로 ESS야.

아~

한편 FCC에 제출할 보고서를 위해 벨연구소는 통화구역 연구도 진행했다.

어떻게 해야 휴대전화가 좋은 품질을 유지할 수 있을까?

아무래도 연구실에서는 알 수 없어. 직접 현장에 가서 연구해야겠어.

이를 위해 연구팀은 벨연구소의 자금으로 밴을 한 대 구입한 후 녹음 기록 장치와 헤드폰을 설치하고 뉴욕과 뉴저지의 도로 수천 km를 이동했다.

우린 이 차를 이동식 기술 장치라고 부르지.

이들은 곳곳을 누비며 송수신 차단 효과를 연구하거나

나무 때문에 무선 전송이 방해받아.

고가도로와 고압전선도 문제야.

셀에서 셀로 옮겨 다니는 드라이버와 같이 주파수를 자동으로 바꾸는 복잡한 이동무선 같은 것들을 실제로 만들었으며

이 정도쯤이야.

와, 처음 보는 장비야! 나도 처음 만들어봐.

안테나를 어디에 설치하면 가장 좋을지 등을 알아냈다.

안테나 설치하기에 딱 좋은 곳이야.

결국 이들의 노력으로 소음을 비롯한 무선 송수신을 방해하는 여러 요소를 해결할 수 있었다.

잊지 마. 휴대전화 통화 품질이 좋아진 건 다 우리가 노력한 덕이라고.

한편 그 사이, 프렌키엘과 작업하던 필 포터는 '휴대전화에 발신음이 필요할까?'에 대해 고민하고 있었다.

필요할까? 안 필요할까?

오랜 고민 끝에 포터는 대담한 제안을 했다.

발신음을 없애고 전화를 걸 때 번호를 누른 뒤 '전송(send)' 버튼을 누르는 겁니다.

이렇게 하면 전화를 걸 때 통신량이 덜 붐빌 테고 통화는 더 빠르게 연결돼 네트워크에 가는 부담을 줄일 수 있습니다.

좋은 생각이야. 당장 적용하게.

이처럼 여러 분야에서 많은 사람들이 노력한 끝에 1971년 12월, AT&T는 FCC에 아주 길고 상세한 제안서를 보낼 수 있었다.

뭐가 이렇게 두꺼워?

수많은 연구원들의 피와 땀입니다.

FCC

하지만 노력에도 불구하고 당시 벨연구소보다 앞서 휴대전화 사업을 진행하던 모토로라는 벨연구소의 계획이 무선 사업을 위태로운 지경에 빠뜨릴 수도 있다며 극렬히 반대했다

대기업 참여 절대 반대! 물러가라!

MOTOROLA

세계 최초로 휴대전화를 개발한 모토로라

세계 최초의 휴대전화는 1973년 4월 3일, 모토로라에서
근무하던 마틴 쿠퍼 박사와 그의 연구팀이 개발한
다이나택8000입니다. 이 기계는 당시 무게 약 850.5그램에
1,000여 개의 부품으로 구성되어 있었는데, 마틴 쿠퍼 박사는
이 기계로 벨연구소의 전화기와 교신하는 데 성공했습니다.
이로써 원천 기술은 벨연구소의 조엘 엥겔이 가지고 있었지만,
정작 휴대전화 사업에서는 벨연구소가 모토로라에게
뒤처지는 신세가 되고 말았습니다.

마틴 쿠퍼와 다이나택8000

정부도 거대 기업인 AT&T가 통신 시장을 독점하는 건 원하지
않았다.

음… 안 그래도 거대
기업이 휴대전화 사업까지
몽땅 먹어치우면
곤란한데.

결국 이를 눈치 챈 AT&T는 한발 물러서 휴대전화
네트워크의 구축과 운영 허가만 받기로 했다.

휴대전화기는
안 만들게요.

정말?

정부

이런 행동은 경쟁 사태를 우려하던 규제 기관을 안심시켰고,
덕분에 벨연구소는 1978년 시카고에서 휴대전화 기술에
대한 테스트를 진행할 수 있었다.

좋아. 그럼 사업을
진행하기에 앞서
테스트부터 해봐.

감사합니다!

시카고에서 시행된 휴대전화 테스트

1978년 시카고에서 시험한 AMPS(Advanced Mobile Phone
Service) 방식은 미국 최초의 아날로그 셀룰러 서비스로
제1세대 이동통신의 시작을 알리는 사건이었습니다.

이후 벨연구소는 마침내 1980년, 휴대전화 기술을 완성했다.

시카고에서의 테스트
덕분에 드디어 제1세대
이동통신 기술을
완성했어!

하지만 독점을 우려한 정부의 규제와 잘못된 휴대전화
시장의 예측으로 뛰어난 휴대전화 기술을 개발하고도 정작
제품화하는 데는 실패하고 말았다.

벨 휴대전화
사업

10장. 실리콘밸리의 모태가 되다

Silicon Valley

항상 시대를 앞서갔던 벨연구소는 획기적인 기술력만큼이나 뛰어난 인재들을 배출해낸 것으로도 유명했다.

그들 대부분은 벨연구소를 그만둔 후 대학에 머물며 연구를 이어가거나 자신이 연구한 내용을 후학들에게 전달하는 경우가 많았다.

그동안 내가 연구했던 걸 학생들에게 가르쳐줘야지.

예를 들어 쇼클리와 함께 트랜지스터를 발명했던 월터 브래튼은 자신의 모교인 휘트먼 대학으로 돌아가 교수로 일했고,

함께 트랜지스터를 발명한 존 바딘은 1951년 벨연구소를 퇴사한 이래 일리노이 대학에 머물며 초전도성 현상에 관한 연구를 이어갔다.

아주 낮은 온도에 있는 일부 물질이 저항 없이 전기를 전도할 수 있는 이유가 뭔지 알아봐야지.

그 결과 존 바딘은 이론물리학을 복잡한 수학에 접목시킨 논문으로 자신의 아이디어를 형상화하는 데 성공했고,

논문 완성!

그 공로로 1972년, 트랜지스터에 이어 두 번째 노벨 물리학상을 수상하기도 했다.

노벨 물리학상을 두 번 받은 사람은 나밖에 없지.

한편 정보이론을 만든 클로드 섀넌은 1950년대 말 벨연구소를 떠나 MIT로 가서 통신에 대한 중요한 논문을 계속 발표했는데

이번 논문의 주제는 무엇입니까?

미래의 정보 수집 사업과, 그것을 한 지점에서 다른 지점으로 전송하는 사업에 대한 내용입니다.

이러한 공로로 1985년, 수학 분야에서의 뛰어난 업적을 치하하기 위해 만들어진 교토 상의 첫 번째 수상자로 선정되는 영광을 누리기도 했다.

감사합니다. 아름다운 밤이에요.

교토 상은 어떤 상인가?

교토 상은 1984년 재단법인 이나모리 재단이 만든 국제적인 상으로 과학, 기술, 문화 분야에서 뛰어난 공적이 있는 사람에게 수여되는 상입니다. 수상 부문은 크게 첨단기술부문, 기초과학부문, 사상·예술부문으로 나누어 있으며, 수상 원칙은 개인에게 한정됩니다.
1998년에는 사상·예술부문에서 우리나라의 백남준이 수상했습니다.

이밖에 섀넌과 친했던 존 피어스는 벨연구소를 그만둔 뒤 캘리포니아 공과대학에서 교수직을 하다가

1979년에 대학을 은퇴하고 몇 년 동안 패서디나의 제트추진연구소의 기술고문을 맡기도 했다.

부디 저희 회사 고문직을 맡아 주십시오.

그 뒤로는 스탠포드 대학에서 컴퓨터음악 음향연구센터의 방문 교수직을 맡았다.

난 항상 새로운 일에 도전하는 게 좋아.

그 과정에서 벨연구소의 디지털 전송과 음향에 대해 연구하던 맥스 매튜스(Max Mathews)에게 다양한 충고를 건네 그를 컴퓨터음악의 개척자로 만들기도 했다.

잘해보게. 이제 컴퓨터에서도 소리를 들을 수 있으니 음악도 만들 수 있을 거야.

맥스 매튜스(1926~2011)

캘리포니아 공과대학과 매사추세츠 공과대학(MIT)에서 전기공학을
전공한 후 벨연구소에서 일하면서 사운드 생성을 위해 널리 사용되는
컴퓨터음악 프로그램인 MUSIC을 1957년에 만들었습니다.
그 뒤에도 디지털 오디오의 연구와 합성의 선두주자로서 연구에
전념했습니다.

컴퓨터음악의 아버지라 불리는 맥스 매튜스

피어스는 이 외에도 볼렌피어스 음계(Bohlen – Pierce
scale)의 발명을 돕기도 했는데,

볼렌피어스 음계는 표준 옥타브가 아닌
13개의 상승 음계를 다양하게 배합한 거야.

이 음계를 사용해 그의 80세 생일 날, 피어스의 인공위성
실험을 기리는 〈에코(Echo)〉라는 곡이 연주되기도 했다.

반면 이들과 달리 벨연구소를 평생
떠나지 않은 사람들도 많았다. 가장
대표적인 인물은 빌 베이커였다.

말단 기술직원으로 시작해 소장
자리까지 올라온 빌 베이커는

드디어
소장이다!

머빈 켈리처럼 벨연구소를 유일한 직장으로
삼았다.

여기서
오래오래
있을래.

특히 그는 1980년 임기를 마친 후에도 벨연구소 이사회와
연관돼 바쁜 나날을 보냈다.

정년퇴직은 했지만
벨연구소를 위해 더
일하고 싶어.

또한 비공식적이지만 대통령이나 정보기관에 조언을
하기도 했다.

대통령님,
안녕하십니까?
오늘은 무엇을
도와드릴까요?

그러나 기술직 출신이었던 그는 무엇보다 자신이 주도했던 레이저와 포토닉스라는 새로운 현상이 통신 세계를 변화시킨 것에 자부심을 느꼈다.

내 노력이 없었다면 빛을 이용한 새로운 광통신의 발전도 없었을 거야.

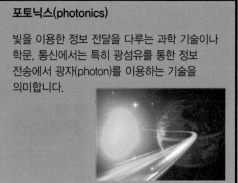

포토닉스(photonics)

빛을 이용한 정보 전달을 다루는 과학 기술이나 학문. 통신에서는 특히 광섬유를 통한 정보 전송에서 광자(photon)를 이용하는 기술을 의미합니다.

하지만 이들보다도 벨연구소 퇴사 후 세상에 가장 큰 영향을 끼친 사람은 따로 있었다.

그게 누군데?

그는 바로 현대 컴퓨터 기술의 출발점이라고 할 수 있는 트랜지스터를 개발한 윌리엄 쇼클리였다.

하하, 역시 날 따라올 사람은 없다니까.

그는 트랜지스터 발명 이후 누구보다도 성공가도를 달렸다.

다음 스케줄은 뭐지?

신문사 인터뷰와 방송 출연이 잡혀 있습니다.

심지어 트랜지스터를 발명한 공로로 노벨 물리학상까지 수상했다.

쇼클리 씨, 축하드립니다. 노벨상 수상자로 선정됐습니다.

뭐, 당연한 거 아니겠어?

그러나 그는 항상 자신이 제대로 된 대우를 못 받는다고 생각했다.

나처럼 뛰어난 사람이 이런 연봉과 대우를 받다니

결국 쇼클리는 1955년 벨연구소를 그만뒀다.

에잇, 때려 칠래!

잠시 캘리포니아 공과대학의 객원교수로 근무하던 그는 벡맨인스트루먼트사의 투자 지원을 받아 직접 사업에 나섰다.

당신은 천재입니다. 원하는 만큼 돈을 투자할 테니 새로운 사업을 해보는 게 어떻습니까?

정말?

근데 사업을 어디서 하지?

앗, 저긴!

사업지를 찾던 쇼클리는 자신이 어린 시절을 보낸 캘리포니아 팔로알토에 찾아갔다.

오~ 좋은 기운이 느껴져. 명당이야.

팔로알토

실리콘밸리

당시만 해도 팔로알토에는 기술적으로 도입된 것이 많지 않을 때였다.

명당이라고? 있는 것이라곤 온통 살구 과수원뿐인데?

그러나 이미 마음을 정한 쇼클리를 말릴 사람은 아무도 없었다.

난 한번 한다면 하는 사람이야.

알아. 네 고집을 누가 말려.

성공을 확신한 쇼클리는 벨연구소의 동료 여럿을 데려가려고 애썼다.

나랑 같이 서부로 갈 사람 모여라!

하지만 지나치게 자존심이 강하고 사교성이 떨어지는 쇼클리의 제안을 대부분 거절했다.

쳇, 기회를 줘도 못 잡다니. 그럼 다른 기업체에서 일하는 과학자들을 알아봐야지.

쇼클리는 어쩔 수 없이 다른 기업에서 유망한 신입 과학자들을 발굴해 채용했다.

이봐, 자네. 나랑 같이 일해 볼 생각 없나?

앗, 당신은 그 유명한 쇼클리!

다행히 비뚤어진 성격과 달리 재능을 알아보는 비범한 능력을 지녔던 쇼클리는

내 눈은 못 속여. 딱 보면 알아.

순식간에 수많은 인재들을 자신이 만든 벤처회사에 고용할 수 있었다.

자, 이곳이 여러분이 일할 벤처기업이야.

오~ 뭔지 모르지만 좋아 보여.

훗날 무어의 법칙으로 유명해진 고든 무어도 그 가운데 한 명이었다.

반도체 집적회로가 2년마다 두 배로 증가할 것을 예측한 게 바로 나야.

얼마 뒤 쇼클리는 자신의 이름을 딴 '쇼클리 반도체 연구소'를 세웠다.

쇼클리 반도체 연구소

여긴 뭐하는 곳이지?

이 연구소는 세계 최초의 설계 및 공학 트랜지스터 기업이었다.

세계 최초의 공학 트랜지스터 기업입니다.

그게 뭔데?

바로 이 실리콘을 이용해서 각종 제품에 들어갈 최첨단 트랜지스터를 만드는 일을 할 겁니다.

실리콘?

그가 회사를 차린 곳에 제품 생산을 위해 실리콘을 실은 차량들이 드나들자 주변 사람들은 그곳을 실리콘밸리라고 부르기 시작했다.

실리콘을 실은 차가 또 들어가네.

한편 꿈에 부푼 쇼클리는 자신이 세운 회사가 곧 엄청난 부와 명예를 가져온다고 확신했다.

이제야 내 명성에 걸맞은 대우를 받겠군.

연구원들도 처음에는 쇼클리를 신처럼 믿고 따랐다.

오~ 트랜지스터를 창조한 분이야.

우린 분명 성공할 거야.

그러나 고든 무어와 동료들의 기대와 달리 사업가 쇼클리는 형편없는 사람이었다.

자네 지금 뭐하는 거야?

네?

쇼클리는 자신이 감독하던 젊은 물리학자들과의 업무 관계에서까지 경쟁적인 성격을 드러냈고

사실대로 말해. 자네가 지금 하는 연구 내 아이디어 따라한 거지?

아, 아닌데요.

편집증적 행동까지 보였다.

거짓말하지 마! 날 속일 순 없어!

아무래도 안 되겠어.

미안하지만 오늘부터 자네는 연구실에 들어갈 수 없네.

출입금지

네?

결국 쇼클리는 직원들이 고의로 반도체 업무를 훼손시킨다는 의심 때문에 일부 과학자들을 연구실에 들어오지도 못하게 했다.

자네는 우리 연구를 분명히 방해할 거야.

말도 안 돼!

상황이 이렇게 되자 고든 무어와 동료들은 동요하기 시작했다.

더 이상은 못 참아! 과학자 쇼클리는 대단할지 몰라도 관리자 쇼클리는 형편없어.

결국 1957년, 고든 무어와 그의 동료 7명은 쇼클리를 떠나 직접 회사를 차리기로 결심했다.

우리 힘으로 시작해보는 거야!

그러자 쇼클리는 이들을 8인의 배신자라고 불렀다.

흥, 배신자 놈들. 잘될 리가 없지.

하지만 사람들로부터 외면을 받은 건 오히려 쇼클리였다.

벨연구소에 있을 때부터 성격이 이상했어.

결국 쇼클리의 편집증적인 성격은 더욱 심해져 마침내 그의 사업은 1960년대 다른 회사에 매각 후 합병되고 말았다.

말도 안 돼! 내가 만든 회사가 망하다니!

매각

이후 그는 생애 마지막 10년 동안을 자신이 '열생학'이라 부르는 학문에 빠져 지냈다.

무식한 사람들은 다산의 성향이 있어. 그러니 결국 인류는 위태로워질 거야

이대로 두면 열등한 종족들로부터 태어난 아이들이 점점 많아질 겁니다. 막아야 합니다.

인종차별이다!

열생학에 대한 사람들의 반발은 늘어났고 벨연구소의 동료였던 피어스와 섀넌도 그의 연락을 피했다.

쇼클리 전화는 받지 않을 거야.

결국 쇼클리는 아무도 찾아오지 않는 비참한 말년을 보내야 했다.

외톨이야, 외톨이야.

하지만 그의 도전이 아주 소득이 없었던 것은 아니다.

비록 쇼클리 회사에서 일하는 건 끔찍했지만 덕분에 우리가 사업을 시작하게 됐지.

불행한 쇼클리의 일생과 달리 그가 고용했던 고든 무어와 7명의 친구들은 쇼클리로부터 벗어난 뒤 페어차일드 반도체(Fairchild Semiconductor)를 설립해, 불과 2년 만에 실리콘밸리의 주역이 됐다.

우리가 바로 오늘날의 실리콘밸리의 시작을 알린 사람들이지.

이후 이들은 더욱 발전해, 유진 클라이너(Eugene Kleiner)는 실리콘밸리 최고의 벤처캐피탈로 성장하게 되는 KPCB(Kleiner Perkins Caufield & Byers)를 설립했고,

실리콘밸리의 벤처 기업은 내가 다 키웠지.

고든 무어와 로버트 노이스는 세계 최대의 반도체 제조 기업인 인텔을 설립했다.

쇼클리를 떠나 실리콘밸리의 신화를 이룩한 8인

1956년, 새로운 형태의 트랜지스터를 개발하기 위해 자신의 회사를 세운 윌리엄 쇼클리는 벨연구소에서 연구원을 고용하려고 했지만, 낯선 서부로 이동하거나 그와 함께하려는 연구원이 없었습니다. 이에 쇼클리는 어쩔 수 없이 다른 회사의 신입 연구원들을 고용했습니다. 하지만 신입 연구원들은 얼마 지나지 않아 사람들 관리에 서툴던 쇼클리에게 실망했습니다. 이후 이들은 쇼클리를 떠나 새로운 회사를 창립했는데 줄리어스 블랭크, 빅터 그리니치, 진 호에니, 유진 클라이너, 제이 라스트, 고든 무어, 로버트 노이스, 셀던 로버츠가 그들입니다. 이들은 설립한 회사의 투자 자금을 찾던 중, 페어차일드 카메라 앤드 인스트루먼트의 도움을 받아 페어차일드 반도체를 설립했습니다. 이후 이들은 1957년부터 실리콘 트랜지스터를 제조하기 시작했는데, 처음으로 만든 플래너 트랜지스터(초기에 메사 트랜지스터라고도 함)가 크게 성공하면서 12명에 불과하던 종업원 수가 12,000명으로 늘어났고, 1년 뒤에는 1억 3,000만 달러를 벌어들이는 큰 성공을 거두었습니다. 이들의 성공에 힘입어 서부에는 새로운 IT 관련 벤처기업들이 집중적으로 들어섰고, 오늘날 실리콘밸리의 기원이 되었습니다.

무엇보다 한때 과수원밖에 없던 실리콘밸리는 반도체 사업을 기반으로 급속도록 발전해 마침내 미국을 대표하는 첨단기술 연구단지로 성장했다.

비록 쇼클리의 시도는 실패했지만 그가 뿌린 씨앗은 오늘을 살아가는 우리에게 없어서는 안 될 최첨단 기술로 이어졌다.

나비의 작은 날갯짓이 태풍을 불러오듯이

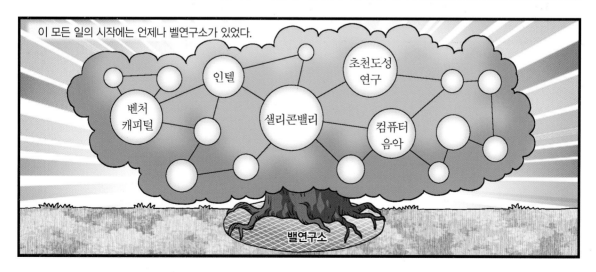

이 모든 일의 시작에는 언제나 벨연구소가 있었다.

11장. 벨연구소의 몰락과 이를 통한 교훈

1925년 벨연구소가 만들어진 이후, 벨연구소는 모기업인 AT&T의 두뇌로 맡은 역할을 충실히 해냈다.

덕분에 모기업인 AT&T는 어마어마한 수익을 거두며 세계 최대 기업으로 거듭났다.

히익, 엄청난 크기야!

그러자 걱정하는 사람들도 늘어갔다.

큰일이군. 시장에서 경쟁 상대 없이 기업 하나가 독점하면 그 피해가 소비자에게 고스란히 돌아올 텐데.

그뿐만이 아니에요. AT&T이 너무 거대해서 우리 같은 신생 기업은 살아남을 수가 없어요.

시끄러!

으아아악!

독점이란?

어떤 상품이 시장에서 공급자 또는 수요자의 수가 극히 적을 때, 그 공급량이나 수요량의 증감에 의하여 시장가격을 좌우할 수 있는 시장 형태를 뜻합니다. 이러한 시장 구조는 경쟁이 사라져, 결국 소비자들이 대체재를 구할 방법이 사라질 뿐만 아니라 독점 기업이 시장가격을 결정할 수 있습니다.
이 때문에 정부에서는 올바른 시장경제 질서를 위해 독점을 규제하고 있습니다.

결국 미국 정부는 AT&T가 반독점법에 어긋난다며 해체를 요구하기 시작했다.

정부는 전화 회사의 방대한 권력과 영향력이 결국 소비자에게 안 좋은 영향을 미친다고 생각합니다. 법적인 판결을 내려주십시오.

※반독점법: 특정 기업의 시장 독점을 규제하는 법률

법정 다툼이 시작되자 AT&T와 벨연구소는 자신들이 싸움에서 승소하기 어렵다는 것을 직감했다.

윽, 뭐가 이렇게 강해?

아무래도 우리가 질 것 같아.

그럼 난 어쩌라고?

사실 벨연구소의 일부 사상가들은 전화 독점이 언제까지 지속되지 않는다는 사실을 잘 알고 있었다.

나는 이미 1940년대 중반부터 언젠가는 독점이 멈출 거라고 생각했어.

마침내 오랜 법정 다툼 끝에 결국 AT&T는 패소했다.

우리가 이겼다!

이에 따라 1982년 1월 8일, 벨연구소가 있는 머레이힐에서 AT&T 회장과 사법부 대표 간 합의가 이루어졌다.

원하시는 대로 하겠습니다.

AT&T는 현지 전화 회사의 권리를 잃는 데 동의했고, 그에 따라 각 지역의 전화 회사들은 모두 각자의 권리를 갖는 별개의 기업이 되었다.

대신 AT&T는 1956년 다른 산업 진출을 할 수 없게 막았던 옛 합의 선고에서 면제받았다.

앞으로 AT&T는 데이터 처리, 컴퓨터 간 통신, 전화기와 컴퓨터 단말기 장비의 판매 등 이전에 금지됐던 분야에 자유롭게 진출할 수 있을 거야.

쳇, 병 주고 약 주고.

합의 결과 AT&T는 7개의 회사로 쪼개졌으며

토톡톡

벨연구소는 독립했다.

이제 어떻게 살아가지?

한편 시장에서 독점적 지위를 잃은 AT&T는 전화 사업과 새로 투자한 사업에서 실패를 거듭하면서 재정 상태가 점점 나빠졌다.

이제 해볼 만한데.

아~ 옛날이 좋았어.

이것은 벨연구소에도 영향을 끼쳤다.

새로운 연구를 하려고 하는데요.

뭐? 그런 돈이 어딨어?

투자할 돈이 없으니 더 이상 옛날처럼 연구를 할 수 없어.

결국 모회사의 수익에 재정적으로 의존하던 벨연구소는 AT&T의 성과가 나빠지면서 1996년 다시 한 번 분리됐다.

장거리 전화 사업과 새로운 휴대전화 사업에 더 집중해야 한다고 판단했습니다.

그럼 우린 어떻게 되는 거죠?

결국 AT&T는 고군분투하고 있던 컴퓨터 회사를 매각하고 거대한 통신 장비 부서를 분할해서 '루슨트(Lucent)'라는 새로운 회사를 만들었다.

이건 팔고.

저건 나누고.

타악

이 과정에서 대부분의 벨연구소 직원은 루슨트로 옮겨갔다.

그나마 다행스럽게도 루슨트는 연구와 개발 부서에서 벨연구소의 이름은 유지하도록 해줬어.

그러나 여러 수학자를 포함한 다수의 연구원은 벨연구소에서 밀려나 AT&T로 재배치됐다.

앗, 동료들 일부가!

이렇게 밀려난 이들이 모인 연구소는 훗날 클로드 섀넌의 이름을 따 '섀넌 연구소'라고 불렸다.

섀넌 연구소

벨연구소

한편 루슨트에 새롭게 자리 잡은 벨연구소는 다행히 무선전화기 서비스의 급증과 인터넷의 폭발적 인기에 힘입어 막대한 수익을 거두기 시작했다.

네? 여보세요? 주문이요?

미국과 해외에서 통신 장비 주문이 몰려오고 있어요.

루슨트는 AT&T에서 분리돼 나온 지 2년 만에 한때 모회사였던 AT&T를 능가하는 주가를 기록했으며 시가총액이 최고 2,700억 달러까지 올라갔다.

AT&T보다 우리 시가총액이 더 높아!

그러나 하락세는 빠르게 찾아왔다.

허걱! 어디까지 떨어지는 거야?

2000년이 되자 통신 전환과 전송 장비에 대한 예상 수요가 환상이었음이 드러났다.

뭐야? 생각만큼 장비가 많이 팔리지 않았잖아.

게다가 루슨트의 수익이 외부 회사들과 연계해서 자사 장비를 구입하게 하는 방식으로 부풀려졌다는 사실이 밝혀지면서 루슨트는 위기를 맞았다.

우우~ 사기다!

내 투자금 돌려줘!

그러자 루슨트는 손실을 메우기 위해 벨연구소를 재정적으로 압박했다.

회사에 돈이 없어서 정리해고를 해야 합니다. 이해해주십시오.

너무해.

이에 따라 일부 연구원들과 기술자들은 직장을 잃었다.

흑흑~ 평생을 몸 담았던 직장인데.

하지만 이와 같은 여러 노력에도 불구하고 상황은 더 악화됐다.

안 되겠어! 다시 한 번 인력 감축이다!

더 이상 자를 사람도 없는걸요.

결국 2006년에는 루슨트가 프랑스 통신사인 알카텔에 합병되었고,

다시 2016년 2월에는 핀란드 통신장비 기업인 노키아가 알카텔-루슨트를 인수 합병하면서 벨연구소의 33,000개 특허와 연구 인력 모두는 노키아 소속이 되고 말았다.

이렇게 해서 AT&T의 벨연구소는 역사에서 사라졌다.

벨연구소의 현재 모습은?

2016년에 노키아가 '알카텔-루슨트'사를 인수하여 현재는 노키아의 자회사가 되었습니다.
정식 명칭은 '노키아 벨연구소'이고 미국, 중국, 이스라엘, 독일, 프랑스, 벨기에, 영국, 아일랜드, 핀란드 등
9개국에 연구 조직을 갖추고 활동 중입니다. 주로 통신 장비와 관련된 다양한 연구를 하고 있는 것으로
알려져 있습니다. 하지만 과거의 벨연구소와 비교해볼 때 그 규모나 역할은 크게 줄어들었습니다.

한때 세계 최고였던 벨연구소는 어째서 이렇게 흔적도 없이 사라졌을까?

그러게. 나도 그게 궁금하다니까?

가장 큰 원인은 역시 모기업인 AT&T의 붕괴에 있었다.

나만 믿어.

본래 벨연구소는 자유로운 환경에서 당장의 수익이 없더라도 먼 미래를 보고 자유롭게 연구할 수 있었다.

돈 걱정은 말고 마음껏 연구하십시오.

그럼 기초과학 분야를 연구해도 상관없나요?

물론입니다. 여러분이 원하는 건 뭐든지 하십시오.

와!

이것이 가능했던 이유는 AT&T가 경쟁상대 없이 시장을 독점하면서 막대한 수익을 안정적으로 거둘 수 있었기 때문이었다.

전화 가입자들이 매달 일정 금액을 꼬박꼬박 주기 때문에 경영이 매우 안정적이야.

이 돈으로 미래를 위해 연구개발을 해야지.

번번이 고마워.

연구 자금을 안정적으로 지원해주니까 돈 걱정 없이 연구에만 몰두할 수 있어.

그뿐만이 아니야. 미래지향적인 연구도 할 수 있어.

덕분에 벨연구소는 해저 케이블이나 휴대전화 사업은 물론이고, 직원의 전문성과 역량을 향상시키는 교육 프로그램을 지속적으로 지원할 수 있었으며 나아가 국가의 연구실 기능도 수행할 수 있었다.

전쟁에 승리하기 위해 비밀리에 레이더 개발을 부탁하네.

인공위성 기술도 부탁해.

염려 마세요.

하지만 AT&T가 쪼개져 회사가 작아지고 다른 업체들과 경쟁하면서

헉헉, 덩치가 작아지니까 경쟁하기가 너무 힘들어.

돈 버는 게 이렇게 힘들었다니. 이래서는 먹고살 수가 없어.

미안하지만 더 이상 투자할 돈이 없어. 이제는 혼자 알아서 해.

헉! 돈줄이 막혔어.

벨연구소는 더 이상 연구에 전념할 수 없었다.

연구비가 없으니 연구를 하고 싶어도 할 수가 없어.

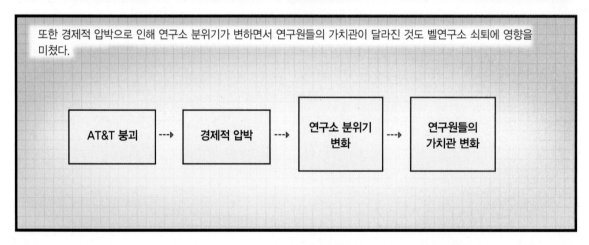

또한 경제적 압박으로 인해 연구소 분위기가 변하면서 연구원들의 가치관이 달라진 것도 벨연구소 쇠퇴에 영향을 미쳤다.

AT&T 붕괴 ---> 경제적 압박 ---> 연구소 분위기 변화 ---> 연구원들의 가치관 변화

본래 벨연구소 성공에는 다른 기업에서는 결코 볼 수 없는 특출난 천재들의 지적 능력이 많은 영향을 끼쳤다.

오! 여기도 천재, 저기도 천재. 온통 천재들 투성이야!

그들은 불가능한 것은 없다고 배웠으며, 모험을 두려워하지도 않았다.

이걸 내가 할 수 있을까?

아무리 어려운 문제도 해낼 수 있어!

무엇보다 그들은 돈이나 경제적 이득을 위해 일하지 않았다.

그 기술을
우리 회사에 넘겨주면
이 돈을 줄게.

됐거든!

허걱!

삥

그들에겐 오직 과학적인 호기심만이 동기 부여의
전부였다.

돈은 중요치 않아. 난 내가
궁금한 과학적 문제를
해결하고 싶을 뿐이야.

말년에 클로드 섀넌이 했던 말이야말로 벨연구소의 분위기를
단적으로 보여주는 예다.

대단한 일을 해
더 높은 급여를 받겠다고
노력한 적은 없어요.

20개가 넘는 상을
보관하고 있었지만 수상에는
전혀 관심이 없었습니다.
그보다는 호기심에 이끌렸죠.
돈이나 재정적 이득은 아무런
동기 부여가 되지 않았습니다.

그러나 이러한 연구소 내부의 모습은
재정적 지원이 약해지면서 사라졌다.

그 연구를 왜
하려는 건가?

호기심
때문입니다.

제정신이야! 경제적 이익도 없는
일을 왜 해? 잘리고 싶어?

힉!

결국 단기적인 수익이 중요해지면서
벨연구소 발전에 기반이 되었던 창의
적인 사고는 더 이상 나오지 않았고,
이는 벨연구소의 쇠퇴로 이어졌다.

창의적인
사고가 뭐야?

우리는 흔히 혁신은 경쟁을 통해 온다고 알고 있다.

혁신

하지만 2006년에 실시된 조사 결과에 따르면 중대한 혁신을 만든
미국 88개 기관 중 77개 기관이 국가 재정 지원의 혜택을 받은
곳이었다고 한다.

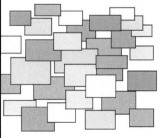

국가 재정 지원

다시 말해, 혁신은 경쟁보다 안정적인 지원과 더 깊은 관련이 있다는 뜻이다.

수익에 연연하지 않아도 되니까 연구하기가 편해.

그리고 이러한 안정적인 지원의 대표적인 성공 사례가 바로 벨연구소였다.

모범 사례

하지만 이제는 그 어떤 기업도 벨연구소와 같은 지원을 하지 않는다.

연구 지원 좀 ….

물론 국가적인 판도를 바꾸는 발견이나 발명에도 관심을 갖지 않는다.

국가를 위해 새로운 발명품을 만들어주게.

얼마나 주실 수 있는데요?

어떤 사람들은 벨연구소가 사라진 뒤 제2의 벨연구소로 애플, 마이크로소프트, 구글 등을 비교하기도 한다.

기술적으로 뛰어난 게 왠지 벨연구소와 닮았어.

하지만 벨연구소는 이러한 벤처기업들과 근본적으로 다른 점이 있었다.

뭐가 다르지?

수많은 투자자들의 돈으로 만들어진 거대한 벤처기업은

과학적인 목적이나 탐구의식보다 고객과 주주들의 요구를 중요하게 여길 수밖에 없다.

우리는 투자자들의 수익을 위해 돈이 안 되는 과학 실험에는 투자할 수 없습니다.

반면 벨연구소는 달랐다. 그들은 연구원들이 마음껏 연구하게 두었고

이 연구가 결과를 얻으려면 20년 정도 걸릴 거 같은데….

상관없네. 돈 걱정은 말고 열심히 해보게.

감사합니다!

기술자들이 실패해도 응원을 멈추지 않았다.

죄송합니다. 연구에 성공하긴 했지만 시장성이 없어서 수익을 얻는 데는 실패했습니다.

괜찮아. 그럴 수도 있지. 다음엔 더 잘할 수 있을 거야.

오늘날의 연구소 대부분이 3~4년이면 수명을 다하는 제품과 아이디어 개발에 집중한다면, 과거 벨연구소는 30~40년 동안 지속되는 물건을 만드는 데 초점을 맞췄다.

하루 빨리 투자금을 회수해야 해!

어차피 30년 넘게 사용할 건데 천천히 하세요.

만약 누군가 제2의 벨연구소를 꿈꾼다면 반드시 기억해야 한다.

지나친 경쟁은 오히려 창의적인 혁신을 막고, 눈앞의 이익에 몰두하면 더 큰 이익을 놓치고 만다는 사실을.

그리고 성공을 위해서는 무엇보다 실패를 두려워하지 않는 인재들을 길러야 한다는 점을 잊지 말아야 한다.

에필로그

새로운 벨연구소를
기다리며

벨연구소는 오랫동안 세계 최대의 '아이디어 팩토리(Idea Factory)'로 불리며 전 세계 과학자들에게 선망의 대상이 되었습니다. 벨연구소는 장거리 전화 중계기, 스테레오 사운드, 전파망원경, 해저 케이블, 레이저, 미사일, 위성통신, 트랜지스터, 태양전지, 컴퓨터 회로, 컴퓨터 언어, 무선통신 등 셀 수 없이 많은 기술 혁신을 성공적으로 완수하여 정보통신 혁명과 IT산업의 융성, 더 나아가 모바일 혁명을 가능케 했습니다.

그러나 애석하게도 우리가 알던 벨연구소는 더 이상 존재하지 않습니다. 심지어 21세기를 살아가는 사람들 대부분은 벨연구소에 대해 잘 모릅니다. 20세기를 주도하며 한때 인류의 운명을 결정짓던 벨연구소는 왜 어느 날 갑자기 박물관에 전시된 공룡 화석처럼 잊힌 존재가 되었을까요?

벨연구소의 쇠퇴 원인들

오늘날의 벨연구소는 그 규모나 역할이 예전에 비해 크게 줄었습니다. 이렇게 된 데는 몇 가지 원인이 있습니다. 가장 큰 원인은 벨연구소의 모기업인 AT&T사가 미국 정부와의 반독점 소송에서 패하고 7개의 회사로 쪼개졌기 때문입니다. 이 때문에 과거 독점적 지위를 이용해 막대한 수익을 거두던 AT&T는 전화 사업에서 경쟁력이 약해져 수익을 거두기 힘들어졌고, 새로 투자한 사업에 실패를 거듭하면서 재정 상태가 점점 나빠져 과거와 달리 벨연구소에 투자할 여력이 줄어들었습니다.

그 결과 벨연구소는 AT&T사의 자회사인 루슨트 테크놀로지(Lucent Technologies)에 넘어갔고, 최종적으로는 2016년 2월 핀란드 통신장비 기업인 노키아(NOKIA)가 알카텔-루슨트를 인수·합병하면서 벨연구소의 33,000개 특허와 4만여 명의 연구 인력 모두 노키아 소속이 되었습니다.

이 밖에도 벨연구소는 1970년대 이동통신 사업에 뛰어들고도 휴대전화의 중요성을 간과하여 모바일 사업에서 다른 기업들에 밀려났으며, 반도체 사업이나 광통신 사업에서도 경쟁업체들에 주도권을 뺏기는 실수를 범하고 말았습니다.

또한 벨연구소는 AT&T로부터 분리된 후 과거와 달리 실적에 연연할 수밖에 없는 처지에 놓였습니다. 하지만 이것은 벨연구소의 오랜 관행과 맞지 않았습니다. 왜냐하면 벨연구소는 언제나 눈앞의 이익이 아닌 언제 사용될지 모르는 미지의 기술에 대한 탐구가 목적이

한눈으로 보는 벨연구소의 쇠퇴기

1970년대 초 정부가 AT&T에 대한 반독점법 소송.	
	1982년 의회 결정으로 독점권 상실.
1984년 AT&T가 모회사와 7개 지역 자회사로 분할되면서 벨연구소도 쇠락하기 시작.	
	1996년 벨연구소는 AT&T의 다른 자회사인 루슨트 테크놀로지에 인수됨.
2006년 루슨트 테크놀로지와 프랑스 통신회사인 알카텔(Alcatel)이 합병. 벨연구소는 알카텔-루슨트 산하로 편입.	
	2016년 핀란드 통신장비 기업인 노키아가 알카텔-루슨트를 인수 합병, 벨연구소의 특허 33,000개, 연구 인력 4만 명도 노키아 소유가 됨.
현재 노키아 벨연구소는 미국, 중국, 이스라엘, 독일, 프랑스, 벨기에, 영국, 아일랜드, 핀란드 등 9개국에 연구 조직을 갖춤.	

벨연구소의 물리학자 윌러드 보일(Wilard Boyle, 왼쪽) 박사와 조지 스미스(George Smith, 오른쪽) 박사가 CCD를 장착한 비디오카메라의 성능을 확인하고 있다. 1974년에 찍은 사진이다.

었기에 2~3년 안에 수익을 거둬야 하는 시장에서는 더 이상 살아남을 수 없었기 때문입니다.

얻을 수 있는 교훈들

벨연구소가 당장에 이익이 생기지 않는 미래 지향적인 연구를 모험적으로 진행할 수 있었던 것은 AT&T사와 같은 초거대 기업이 막대한 연구 자금을 안정적으로 지원해주었기 때문입니다. 이를 통해 우리는 기술 혁신의 바탕은 안정적인 재정적 지원이라는 사실을 알 수 있습니다.

또한 벨연구소가 혁신적인 기술을 지속적으로 만들어내는 창의적

보일 박사와 스미스 박사의 아이디어로 만들어진 초창기 CCD 이미지 센서. 오늘날 디카는 물론 비디오 카메라에 핵심적으로 쓰이고 있다.

인 집단이 될 수 있었던 것은 천재적인 인재들이 있었기 때문입니다. 이들은 당대 최고의 석학들답게 금전적 보상보다는 자신들의 호기심을 충족시키기 위한 목적으로 연구를 진행했고, 벨연구소는 이들이 원하는 연구를 아무런 조건 없이 뒷받침했습니다. 덕분에 이들은 더 많은 급여를 준다는 경쟁사의 유혹도 뿌리치고 커다란 자긍심으로 연구에 몰두할 수 있었습니다.

오늘날의 연구소가 3~4년이면 수명을 다하는 제품과 아이디어 개발에 집중하는 것과 달리, 과거 벨연구소는 30~40년 동안 지속되는 물건을 만드는 데 초점을 맞췄습니다. 덕분에 벨연구소는 눈앞의 작은 이익이 아닌 정보통신 혁명과 같은 큰일을 이룰 수 있었습니다.

이 밖에도 벨연구소는 단순히 직원들의 천재성에 기대기보다 연구원들의 전문성과 역량을 향상시키기 위해 다양한 교육 프로그램을 지원했습니다. 또 당장의 수익보다 미래 가치를 중요하게 여겨 기초과학 연구에도 아낌없는 재정적 지원을 했습니다.

새로운 벨연구소의 탄생을 기다리며

현재 IT업계에는 과거의 벨연구소 못지않은 기술력과 자금력으로

클로드 섀넌은 "벨연구소의 연구원들은 돈이나 상을 받기 위해 연구하지 않았다. 그저 호기심에 이끌려 연구했을 뿐이다"라는 말로 당시 벨연구소의 분위기를 설명했다.

전 세계인들의 관심을 받는 세계적인 기업이 많습니다. 애플, 마이크로소프트, 구글, 페이스북, 아마존 등이 대표적이죠.

하지만 아쉽게도 이들은 과거 벨연구소가 했던 역할을 대신해주지 못하고 있습니다. 그 이유는 벨연구소와 달리 이들 벤처기업은 자본시장의 논리에 의해 움직이는 경우가 대부분이기 때문입니다. 따라서 앞으로도 이들에게 과거 벨연구소와 같은 역할을 기대하기는 힘들어 보입니다.

그렇다면 우리는 인류와 과학 분야의 혁신적인 발전을 위해 헌신할 수 있는 21세기형 벨연구소의 모델을 어디에서 찾아야 할까요? 이제 우리는 벨연구소와 같은 혁신적이며 창의적인 기업을 두 번 다시 만날 수 없을까요? 있습니다. 가장 좋은 예가 바로 자넬리아 팜입니다.

제2의 벨연구소를 꿈꾸며

워싱턴 북서쪽 애슈번에는 공원보다 더 아름답게 조성된 연구소가 하나 있습니다. 이 연구소의 이름은 자넬리아 팜 연구 캠퍼스(Janellia Farm Research Campus, JFRC)입니다. 이곳은 하워드 휴스 의학 연구센터(Howard Hughes Medical Institute, HHMI)가 지원하는 연구센터로 기초생물의학 분야를 연구하고 있습니다.

재미있는 것은 자넬리아 팜의 지도자들은 연구원들에게 위기를 감

워싱턴 북서쪽 애슈번에 조성되어 있는 자넬리아 팜 연구 캠퍼스.

수하고 '미지를 탐구하는 것'처럼 실패를 두려워하지 말라고 가르치며, 과학자와 연구원에게 충분한 재정과 엄청난 자유를 제공한다는 점입니다. 과거 벨연구소의 연구 방침과 유사하죠. 실제로 지난 2006년 설립된 자넬리아 팜은 '외부와는 다른 연구 환경을 만드는 것'을 모토로 삼으며, 창의적이고 고위험 분야의 연구를 원하는 과학자들에게 '과학 연구의 천국'으로 통합니다.

그도 그럴 수밖에 없는 것이 하워드 휴스 의학연구센터가 지원하는 연간 9,000만 달러의 자금 대부분은 오직 이곳에서 연구하는 개발자의 아이디어를 지원하기 위해 사용되며, 프로젝트별로 차이는 있지만, 연구자 한 사람에게 5년간 5억~20억 원이 지원됩니다.

특히 이곳은 독특한 과학자 선발 방식으로 유명합니다. 다른 연구소와 달리 자넬리아 팜은 과거의 논문 수는 전혀 고려하지 않고 앞으로 5년 뒤의 창의성과 영향력을 세심하게 살핍니다. 물론 나이도 상관없죠. 그리고 일단 연구가 허용되면 5년간 연구 기간이 보장됩니다. 그 뒤 결과에 따라 추가로 5년의 연구 기회를 더 주거나, 2년간 다른 직업을 찾을 수 있도록 추가 시간을 지원합니다. 또한 연구원들은 하워드 휴스 의학연구센터로부터 월급과 연구에 필요한 모든 비용을 내부적으로 지원받습니다. 대신 외부로부터의 연구비 지원은 일체 금지됩니다. 이 때문에 연구원들은 외부 연구비를 받기 위해 눈치를 볼 필요가 없습니다.

어쩌면 자넬리아 팜은 우리가 앞으로 벨연구소를 대신해 만들어나가야 할 새로운 대안을 보여주는 좋은 본보기라고 할 수 있습니다. 자넬리아 팜과 같은 멋진 연구소들이 계속 생겨나기를 기대합니다.

아이디어
팩토리

1판 1쇄 인쇄 2019년 8월 23일
1판 1쇄 발행 2019년 8월 29일

원작 존 거트너
감수 김국현
기획 김주훈 KDI 선임연구위원, 서중해 KDI 경제정보센터 소장
총괄진행 이용수, 이정미, 조현주(KDI 경제정보센터)
편집 봄봄
글 손영운, 김정욱
그림 김대지, 심동혁

발행인 양원석
본부장 김순미
편집장 최은영
디자인 RHK 디자인팀 남미현, 김미선
해외저작권 최푸름
제작 문태일
영업마케팅 최창규, 김용환, 양정길, 이은혜, 윤우성, 신우섭, 조아라,
　　　　　　유가형, 임도진, 김유정, 정문희, 신예은, 유수정

펴낸 곳 ㈜알에이치코리아
주소 서울시 금천구 가산디지털2로 53, 20층 (가산동, 한라시그마밸리)
편집문의 02-6443-8888 **구입문의** 02-6443-8838
홈페이지 http://rhk.co.kr
등록 2004년 1월 15일 제2-3726호

ISBN 978-89-255-6764-8 (43500)

어린이제품 안전특별법 표시 사항
제품명 도서 | **제조자명** ㈜알에이치코리아 | **제조국명** 대한민국 | **전화번호** 02)6443-8800
주소 서울시 금천구 가산디지털2로 53, 20층(한라시그마밸리)